AF357960

FLORE

DU DÉPARTEMENT

DES DEUX-SÈVRES

PAR

J.-C. SAUZÉ ET P.-N. MAILLARD

PREMIÈRE PARTIE

MANUEL ANALYTIQUE

DESTINÉ

A FACILITER LA DÉTERMINATION ET A ASSURER LE CLASSEMENT

DES PLANTES SPONTANÉES DU DÉPARTEMENT

Extrait des *Mémoires de la Société de Statistique, Sciences et Arts*
du département des Deux-Sèvres

NIORT

L. CLOUZOT, LIBRAIRE-ÉDITEUR

RUE DES HALLES, 22

1872

PRÉFACE.

———

L'appel que nous avons adressé en 1864 aux botanistes des Deux-Sèvres, dans la préface du *Catalogue des Plantes* de notre département, a été entendu. Le nombre des espèces qui sont venues s'ajouter à celles que nous connaissions déjà, nous permet d'espérer que nous ne sommes pas loin de posséder l'ensemble de nos richesses végétales.

Il serait téméraire de dire que nous avons tout vu, tout récolté, tout connu. Une Flore locale, quelque restreintes que soient ses limites, est, comme tout travail humain, nécessairement imparfaite. Le progrès vers la perfection est à la fois l'œuvre du temps, de l'étude et de l'observation attentive.

Toutefois, nous ne croyons avoir rien négligé pour rendre notre travail aussi complet que possible.

Le nombre des espèces à nous encore inconnues, celles qui restent à l'état litigieux, seront donc un aiguillon d'activité, comme notre livre sera un encouragement aux personnes de bonne volonté.

La rédaction de la *Flore descriptive*, qui doit être le complément de nos recherches et de celles de nos correspondants, touche presque à son terme.

En attendant sa publication, nous offrons aux hommes d'étude et de loisir ce volume analytique.

Nous pensons qu'il sera d'une véritable utilité pour tous ceux qui, peu versés encore dans l'étude de la botanique, désirent connaître, non-seulement le nom d'une plante, mais la place qu'elle occupe dans la série végétale.

Ce travail est en effet disposé de manière à faire reconnaître avec facilité à quelle *famille*, à quel *genre*, à quelle *espèce* appartient un végétal croissant spontanément dans notre département. Il donne, de cette manière, la possibilité de créer un herbier, élément indispensable à quiconque veut chercher, connaître et retenir.

Quelques exemples nous dispenseront de plus longues explications.

Tout le monde connaît la *Violette*, cette délicieuse fleur du premier printemps, qui trahit sa présence par une si suave odeur.

Nous avons donc cueilli une *Violette*, avec sa racine, ses feuilles, sa fleur, son fruit, car il faut, dans la limite du possible, ne rien omettre, et avoir sous les yeux tous les organes essentiels.

Ouvrons notre livre au titre : *Analyse des Familles*.

Considérons la première phrase comme une question qui nous serait adressée : notre plante a-t-elle *de véritables fleurs, munies d'organes sexuels visibles à l'œil nu ?* — Oui, pouvons-nous répondre après examen ; elle possède une corolle, un calice, des étamines, un style, etc. Le chiffre 2 qui est au bout de la phrase nous invite à passer au même chiffre correspondant, placé à gauche de la page, et au commencement d'une nouvelle phrase.

2. *Les fleurs sont-elles conjointes?* — Non. — *Sont-elles, par conséquent, disjointes, n'étant pas réunies en grand nombre dans un involucre commun à plusieurs fleurs?* — Oui; et le chiffre 5 qui termine la phrase renvoie au même chiffre correspondant, à gauche de la page.

5. Les *fleurs sont-elles insérées sur un réceptacle?* — Non. Donc, la phrase suivante qui convient à notre plante, renvoie au n° 10.

10. *Fleurs papilionacées?* — Non; et nous allons au n° 11.

11. *Plante parasite?* — Non; poursuivons par le n° 12.

12. *Fleurs renfermées dans un involucre charnu, etc.?* Non; allons au n° 13.

13. *Plante nageante?* — Non; allons à 14.

14. *Plante dioïque?* — Non; allons à 31.

31. *Plante monoïque.* — Non, elle est hermaphrodite; voyons à 51.

51. *Feuilles très-grandes, flottantes?* — Non; passons à 52.

52. *Tige ligneuse?* — Non; cherchons par 74.

74. *Plante à suc laiteux, etc.?* — Non; allons à 75.

75. *Des écailles au lieu de feuilles?* — Non; poursuivons par 78.

78. *Périanthe double, calice et corolle?* — Oui; passons à 79.

79. *Ovaire placé dans la corolle?* — Oui; passons à 80.

80. *Étamines nombreuses, soudées par les filets, etc.?* — Non; continuons par 81.

81. *Feuilles trifoliolées?* — Non; voyons à 82.

82. *Corolle polypétale?* — Oui; passons à 83.

83. *Des stipules?* — Oui; allons à 84.

84. *Etamines insérées sur le calice?* — Non ; voyons à 35.
85. *Un éperon à la base de la fleur?* — Oui. VIOLA-
CÉES. **45**.

Ce dernier chiffre nous oblige à chercher dans l'*Analyse des Genres* le paragraphe 45 relatif aux VIOLACÉES. Cette famille ne contenant qu'un seul genre, nous allons dans l'*Analyse des Espèces*, au paragraphe **221**, VIOLA.

Les sépales sont obtus; la plante émet des *rejets rampants feuillés; l'éperon n'est jamais d'un jaune verdâtre; les feuilles adultes sont arrondies au sommet, très-obtuses; les fleurs sont odorantes;* enfin *les fleurs sont d'un bleu foncé.* C'est donc le *Viola odorata* (violette odorante) que nous avons sous les yeux.

Prenons un autre exemple, celui du Colchique, vulgairement nommé *Veilleuse* ou *Tue-chien,* si commun dans les prés humides.

Nous avons cueilli les fleurs à l'automne, les feuilles et les fruits au printemps; la plante est complète sous nos yeux.

Nous débutons comme ci-dessus par l'*Analyse des Familles*, à la première phrase précédée du chiffre 1. — Nous passons exactement par le chemin que nous avons suivi en analysant un *Viola*, jusqu'au n° 78. Là nous découvrons que notre *colchique* n'a point de périanthe double, et nous sommes renvoyés au n° 142.

142. *Une baie?* — Non ; 147.
147. *Plante à suc laiteux?* — Non ; 148.
148. *Etamines soudées au pistil?* — Non ; 150.
150. *Feuilles imparipennées?* — Non ; 151.
151. *Lobes du périanthe laciniés?* — Non ; 152.

152. *Feuilles charnues; carpelles nombreux?* — Non; 153.

153. *Capsule s'ouvrant circulairement en travers?* — Non:
     156.

156. *Deux akènes indéhiscents?* — Non : 156 bis.

156 bis. *Feuilles lobées?* — Non; 158.

158. *Des gaines stipulaires?* — Non; 159.

159. *Étamines nombreuses?* — Non; 160.

160. *Au moins six étamines?* — Oui; 161.

161. *Huit étamines?* — Non; 164.

164. *Fleurs grandes, roses, paraissant longtemps avant les
     feuilles?* — Oui; COLCHICACÉES. 84.

Dans l'analyse des genres, au paragraphe 84, nous avons
un seul genre, COLCHICUM qui, dans l'analyse des espèces est
classé sous le n° 415. Là nous apprenons que notre plante se
nomme *Colchicum autumnale* (colchique d'automne), dont le
bulbe porte de 1 à 3 fleurs à divisions lancéolées.

Troisième exemple : l'*Avoine folle* qui se trouve si commu-
nément dans nos moissons.

Analyse des familles : *Plante ayant de véritables fleurs
munies d'organes sexuels visibles à l'œil nu?* — Oui. 2. *Fleurs
disjointes, c'est-à-dire n'étant jamais réunies en grand nombre
dans un involucre commun à plusieurs fleurs?* — Oui. 5. En
passant ainsi, jusqu'au n° 160, par le même chemin que nous
avons suivi pour le *colchique d'automne*, nous sommes con-
duits par les n°° 169, 170, 174, 181, 182, à 183 qui nous
invite à chercher si notre plante a un *Chaume pourvu de
nœuds.* Comme la réponse est affirmative, nous avons sous les
yeux une plante de la famille des GRAMINÉES. 94. L'analyse
des genres nous apprendrait qu'elle appartient au genre AVENA.

181, et l'analyse des espèces que notre plante se nomme définitivement *Avena fatua* (avoine folle).

Dans certains genres difficiles et à formes multiples, tels que *Rubus, Rosa, Galium, Hieracium,* nous avons admis seulement les espèces qui nous ont paru les plus répandues dans nos contrées. Malgré le nombre de ces espèces souvent litigieuses, nous sommes persuadés de n'avoir pas vu toutes celles qui existent autour de nous, et nous engageons les botanistes à les observer attentivement en se reportant aux ouvrages de MM. Boreau, Déséglise, Génevier, Jordan, etc.

Les noms latins des espèces sont suivis d'une lettre ou d'une abréviation désignant les auteurs qui ont imposé ces noms aux diverses plantes. Ainsi, L. signifie Linné; Lam., Lamark; DC., De Candolle; GG., Grenier et Godron; Bor., Boreau; Jord., Jordan; etc.

Quant aux mots techniques, aux termes scientifiques, étrangers, pour la plupart, à la langue usuelle, ils trouveront leur explication dans un vocabulaire spécial. Les mots latins seront aussi traduits, pour les amateurs qui ne connaissent pas cette langue.

Et maintenant, lecteur, ce que nous souhaitons pour vous, c'est ce plaisir délicat qui résulte d'une nouvelle connaissance ajoutée aux connaissances déjà acquises, ce bonheur émouvant qui naît de la découverte de ce qui jusque-là était resté caché.

Nous en parlons avec connaissance de cause, car nous en avons fait la douce expérience.

Une collaboration de plus de vingt années, les échanges de plantes et de pensées avec d'autres botanistes, parmi lesquels d'éminents professeurs, nous ont convaincus que l'étude de ces charmantes créations naturelles est un lien pour les cœurs autant que pour les intelligences. La Botanique est plus qu'une aimable distraction.

Puissiez-vous donc, muni de la boîte de fer-blanc de Dillenius, notre livre à la main, une loupe à l'œil, jouir des mêmes émotions que nous, et, par des recherches persévérantes, combler les lacunes de notre travail. C'est une joie que vous voudrez bien, nous l'espérons, nous faire partager.

La Mothe-Saint-Héray, 1er Mai 1872.

VOCABULAIRE.

—

ACAULE. Plante à tige nulle ou presque nulle.

ACCRESCENT. Se dit d'un organe qui continue à végéter et à croître jusqu'à la maturité du fruit, tandis qu'il se flétrit ordinairement dans d'autres espèces.

ACICULE. Aiguillon droit et mince comme une aiguille.

ACICULÉ. Muni d'acicules.

ACULÉOLÉ. Muni d'aiguillons.

ACUMINÉ. Dont le sommet se termine en pointe effilée.

AGRÉGÉ. Rapproché en une seule masse.

AIGRETTE. Réunion de soies, de poils ou de membranes qui terminent certains fruits.

AIGUILLON. Production piquante, droite, courbe ou crochue qui se développe sur l'épiderme de certains arbustes, sans adhérer au bois, ou sur les côtes de quelques fruits.

AILE. Prolongement membraneux ou foliacé faisant saillie autour d'une graine, d'une capsule ou sur une tige, un pétiole, etc. (Voir *Papilionacées*).

AILÉ. Pourvu d'ailes ; se dit aussi des feuilles composées. (Voir ce dernier mot).

AISSELLE. Angle formé par l'insertion à la tige d'une feuille ou d'un rameau.

AKÈNE. Fruit petit, sec, indéhiscent et ne contenant qu'une graine libre dans le péricarpe.

ALTERNE. Se dit d'organes, feuilles, rameaux, etc., disposés sur leur axe à des niveaux et dans des plans différents; s'applique aussi aux styles, aux étamines, aux lobes de la corolle ou du calice dont les insertions correspondent à l'intervalle des insertions des organes voisins.

ANTHODE. (Voir Fleur *Composée*).

ARANÉEUX. S'applique à certaines parties des plantes couvertes de poils longs, mous, entrecroisés comme des fils d'araignée.

ARTICLES. Se dit d'une série de pièces placées bout à bout et se séparant l'une de l'autre, sans déchirement, à une époque déterminée de leur vie.

ARTICULATION. Point de jonction de deux pièces séparables sans déchirement, à une époque donnée.

ARTICULÉ. Composé d'articles; joint par articulation.

ATTÉNUÉ. Insensiblement rétréci ou aminci.

AURICULÉ. Muni d'oreillettes.

AXE. Corps de la plante, allongé, émettant des expansions latérales; pédoncule central d'un épi.

AXILLAIRE. Qui tient à l'axe, qui dépend de l'axe; non terminal.

BAIE. Fruit mou, succulent, contenant plusieurs graines.

BEC. Prolongement terminal d'un organe, d'un fruit, etc.

BIDENTÉ. Qui est muni de deux dents.

BIFIDE. Fendu en deux.

BILABIÉ. A deux lèvres.

BISANNUEL. Se dit des plantes germant dans l'année qui précède l'année où elles fleurissent.

BOSSE. Saillie arrondie à la surface ou à la base de certains organes.

BOUTON. Etat d'une fleur avant son épanouissement.

BRACTÉES. Feuilles situées à la base des pédoncules, différant des feuilles ordinaires par la forme, la consistance, la couleur, etc.

BRACTÉOLES. Petites bractées situées à la base des pédicelles.

BULBE. Bourgeon souterrain écailleux, charnu.

BULBEUX. Renflé en bulbe.

BULBILLE. Petit bulbe. Se dit ordinairement d'un organe spécial se développant à l'aisselle d'une feuille et caduc; soit, comme dans certaines espèces d'ail, au centre des organes reproducteurs.

CADUC. Se dit d'organes qui tombent prématurément.

CALATHIDE. (Voir Fleur *Composée*).

CALICE. Organe qui occupe le rang le plus extérieur parmi les pièces dont se compose la fleur; il est généralement coloré en vert.

CALICULE. Ensemble de folioles situées immédiatement au-dessous du calice, et simulant un calice extérieur.

CAMPANULÉ. Se dit d'un organe d'une seule pièce en forme de cloche.

CANALICULÉ. Muni d'un sillon en forme de gouttière ou de canal.

CAPILLAIRE. Qui a la ténuité d'un cheveu.

CAPITULE. Tête de fleurs serrées. (Voir Fleur *Composée*).

CAPSULE. Fruit sec renfermant les graines, indéhiscent ou s'ouvrant par des valves ou par des trous.

CARÈNE. Saillie longitudinale sur la face inférieure d'un organe. (Voir *Papilionacées*).

CARPELLE. Ovaire simple ou portion d'ovaire formant un tout et renfermant les graines. (Voir *Ovaire*).

CAULINAIRE. Qui tient ou appartient à la tige.

CESPITEUX. Qui croît en touffes.

CHAGRINÉ. Se dit d'une surface couverte de petites granulations.

CHARNU. Dont la substance est molle, aqueuse, succulente.

CHATON. Epi de fleurs unisexuelles, sans pétales et placées à l'aisselle d'une écaille.

CHAUME. Tige des *Cypéracées*, des *Graminées*.

CILS. Poils courts, plus ou moins raides, placés aux bords d'une surface, d'une arête, etc.

CILIÉ. Pourvu de cils.

CILIÉ – GLANDULEUX. Pourvu de cils munis d'une glande au sommet.

CLOISON. Membrane qui divise en compartiments la cavité d'une capsule.

COEUR (en). Echancré comme un cœur de carte à jouer.

COLORÉ. Qui présente une autre couleur que la couleur verte.

COMMISSURE. Jointure. Se dit, dans les *Ombellifères*, de la face par laquelle les deux akènes sont accolés l'un à l'autre.

COMPOSÉE. Feuille dont le limbe est divisé en plusieurs folioles secondaires; opposé à feuille simple.

COMPOSÉE. Fleur constituée : 1° extérieurement par le péricline formé de plusieurs folioles vertes ou scarieuses; 2° par des fleurs tubuleuses (fleurons) ou en languette plane (demi-fleurons), insérées sur l'extrémité élargie du pédoncule nommé alors réceptacle. L'ensemble se distingue par les mots de *Calathide*, *Capitule* ou *Anthode*.

CONCOLORE. Se dit de deux parties qui affectent la même couleur.

CONNÉ. Se dit de feuilles opposées soudées par leur base; la tige paraît les traverser.

CONNIVENT. Qui se rapproche par le sommet ou par les bords.

CONTRACTÉ. Resserré, rétréci.

COQUE. Fruit sec, de forme globuleuse, à loges monospermes.

CORDIFORME. Qui a de l'analogie avec la forme d'un cœur de carte à jouer.

COROLLE. Organe coloré situé entre le calice et les étamines.

CORYMBE. Inflorescence dans laquelle les rameaux, partant de points différents, arrivent à peu près au même niveau.

CÔTE. Se dit en général de la nervure moyenne d'une feuille, ou des lignes saillantes à la surface de certains fruits.

COTYLÉDONS. Premières feuilles qui servent à la nutrition et à la protection de la plante naissante. Les plantes naissent avec deux *cotylédons* (dicotylédones), ou avec un seul *cotylédon* (monocotylédones), ou sans *cotylédon* (acotylédones). Les deux premières classes renferment tous les végétaux qui se reproduisent au moyen d'organes sexuels visibles à l'œil nu (phanérogames); la troisième comprend tous ceux qui se reproduisent sans le secours d'organes sexuels apparents (cryptogames).

COUCHÉ. Étalé à la surface du sol.

CRAMPONS. Racines adventives sur la tige de certaines plantes grimpantes.

CRÉNELÉ. Qui présente des dents à sinus peu profonds, arrondies et obtuses.

CRYPTOGAMES. (Voir *Cotylédons*).

CUNÉIFORME. Rétréci à la base en forme de coin.

CUPULE. Organe qui ressemble à une petite coupe.

CYME. Inflorescence se composant d'axes terminaux aboutissant chacun à une seule fleur.

DÉCURRENTE. Se dit d'une feuille dont le limbe se prolonge, en s'atténuant le long du pétiole et souvent de la tige.

DÉHISCENT. Qui peut s'ouvrir sans déchirement.

DENTS. Divisions courtes, ordinairement triangulaires, situées au pourtour de beaucoup de feuilles ou d'autres organes ; s'applique aussi à une protubérence faisant saillie sur une surface.

DICHOTOME. Se dit d'une tige, d'un rameau qui donne naissance à deux branches opposées, chacune desquelles se divise encore en deux, et ainsi de suite.

DICOTYLÉDONES. (Voir *Cotylédons*).

DIDYME. Se dit d'un organe composé de deux parties globuleuses soudées entre elles.

DIFFUS. A rameaux inordonnés, entre-croisés.

DIGITÉ. Disposé comme les doigts de la main.

DIOÏQUE. Plante à fleurs unisexuelles dont les mâles et les femelles vivent sur des individus distincts.

DISQUE. Dans quelques fleurs composées (*radiées*), ensemble de fleurs tubuleuses du centre, par opposition à celles de la circonférence en languette plane et rayonnantes ; bourrelet qui couronne l'ovaire et embrasse les styles.

DISTIQUE. Organes alternes insérés le long d'une tige ou d'un rameau sur deux lignes opposées.

DIVARIQUÉ. Pédoncules, rameaux divisés en parties qui s'écartent à angle très-ouvert.

DIVERGENT. Qui tend à s'écarter l'un de l'autre.

DRESSÉ. Dont la direction est perpendiculaire au sol ou à peu près.

DROIT. Qui ne présente ni angle, ni courbure, ni inclinaison.

DRUPE. Fruit charnu renfermant un noyau osseux.

ÉCAILLES. Organes toujours aplatis, souvent membraneux, charnus ou coriaces.

EFFLORESCENCE. Sorte de poussière excessivement ténue, fugace, glauque, recouvrant certains fruits.

ELLIPTIQUE. Dont la forme, plus longue que large, va en se rétrécissant du milieu aux extrémités.

ÉMARGINÉ. Echancré.

ENSIFORME. En forme d'épée.

ENTIER. Qui ne présente ni échancrure, ni dentelure, ni découpure.

ENTRE-NOEUD. Espace compris entre l'insertion d'un verticille de feuilles et un autre verticille ; on dit aussi *article*.

ENVELOPPES FLORALES. (Voir *Fleur, Calice, Corolle, Périanthe.*)

ÉPARS. Sans ordre apparent.

ÉPERON. Prolongement tubuleux, droit, arqué ou crochu, situé à la base de certaines parties de la fleur.

ÉPI. Ensemble de fleurs rapprochées, disposées le long d'un axe.

ÉPIGÉ. Courant sur la terre.

ÉPILLETS. Petit assemblage de fleurs échelonnées le long d'un axe et formant un épi dans la famille des *Cypéracées* et des *Graminées;* inflorescence grêle et allongée.

ÉPINE. Organe mince, allongé, terminé en pointe et tenant au corps même de la plante.

ÉTALÉ. S'écartant de son point d'attache, à angle droit; les pétales d'une corolle ouverte sont *étalés*, par opposition aux pétales *dressés*.

ÉTAMINE. Organe mâle situé dans le périanthe. Il se compose du *filet* qui supporte l'*anthère*; de l'*anthère* qui renferme le *pollen* ou poussière fécondante; elle est quelquefois sessile. Les *filets* sont libres ou soudés entre eux; il en est de même des *anthères*.

ÉTENDARD. (Voir *Papilionacées*).

EXERTE. Qui dépasse les enveloppes florales.

FASCICULÉ. Réuni en faisceau.

FASTIGIÉ. Se dit d'une tige ou d'une inflorescence allongée, dont les rameaux sont dressés et appliqués.

FEMELLE (fleur). Celle qui possède un ovaire sans étamines.

FERTILE. Opposé à stérile. Se dit d'un ovaire susceptible de porter et de mûrir des graines; d'une étamine dont le filet est surmonté d'une anthère fécondante.

FILET. (Voir *Étamines*).

FILIFORME. Long, gros comme un fil.

FISTULEUX. Cylindrique et creux.

FLEUR. Appareil de la fécondation, composé, à partir du centre de l'*ovaire*, des *étamines*, de la *corolle* et du *calice*. La fleur stérile est celle qui est réduite aux enveloppes florales, ou qui n'est pourvue que d'étamines.

FLEURON. (Voir Fleur *Composée*).

FOLIACÉ. Qui a l'apparence, la consistance d'une feuille.

FOLIOLES. (Voir Feuille *Composée*).

FOLLICULE. Capsule formée d'une seule feuille carpellaire repliée sur elle-même et n'ayant qu'une seule suture par laquelle le follicule s'ouvre à la maturité.

FOSSETTE NECTARIFÈRE. Dépression située vers l'onglet des pétales, nue ou recouverte d'une écaille.

FRONDES. Feuilles des Fougères.

FRUIT. Ovaire fécondé, quand il a atteint la maturité.

FRUCTIFÈRE. Qui porte un fruit ou des fruits mûrs.

FUSIFORME. En forme de fuseau.

GAÎNE. Organe tubuleux, entier, déchiqueté ou fendu qui embrasse un autre organe.

GAZONNANT. Formant des touffes serrées, en tapis.

GÉMINÉ. Rapproché deux à deux.

GENOUILLÉ. Plié en formant un angle.

GLABRE. Complètement dépourvu de poils.

GLABRESCENT. Presque glabre.

GLANDES. Petits corps globuleux, souvent transparents, odorants, visqueux, faisant saillie soit sur des pédicelles, soit directement à la surface ou sur les bords d'autres organes.

GLAUQUE. D'un vert bleuâtre.

GLOMÉRULE. Cyme dont les axes sont très-courts; les fleurs en glomérules sont rapprochées en tête.

GLUMACÉ. De la consistance et de l'apparence des glumes.

GLUMES. Bractées scarieuses situées à la base des épillets des *Graminées*.

GLUMELLES. Enveloppes des organes de reproduction dans la famille des *Graminées*.

GORGE. Entrée du tube du calice ou de la corolle des fleurs dans lesquelles ces organes ne sont que d'une seule pièce.

GOUSSE. Capsule à deux sutures de la plupart des *Papilionacées*.

GRAPPE. Ensemble de fleurs portées sur des pédicelles à peu près égaux, émanant d'un pédoncule commun.

GRÊLE. Mince par rapport à la longueur.

GRUMEUX. Ce mot s'applique ordinairement aux souches dont les fibres radicales sont renflées-ovoïdes.

HAMPE. Pédoncule radical.

HASTÉ. En forme de fer de hallebarde.

HERBACÉ. Qui a la consistance de l'herbe.

HÉRISSÉ. Couvert de poils dressés.

HERMAPHRODITE. Se dit d'une fleur pourvue d'étamines et de pistil.

HÉTÉROPHYLLE. Qui offre deux formes de feuilles.

HISPIDE. Couvert de poils rudes, presque piquants.

HYPOGYNE. Qualificatif de certains organes, pétales, étamines, glandes, etc., insérés au-dessous du pistil.

IMBRIQUÉ. Se dit d'organes qui se recouvrent comme les tuiles d'un toit.

INCISÉ. Qui présente des découpures, le plus souvent irrégulières, n'atteignant pas la partie moyenne.

IMPAIRE. Foliole terminale d'une feuille imparipennée.

IMPARIPENNÉ. Qui a un nombre impair de folioles.

INCLUS. Se dit principalement du pistil et des étamines quand ces organes sont renfermés dans le tube de la corolle.

INDÉFINI. Qui dépasse le nombre douze quand il s'agit d'étamines.

INDÉHISCENT. Qui ne peut s'ouvrir.

INFÈRE. Se dit d'un ovaire situé et visible au-dessous de la fleur.

INFLORESCENCE. Disposition générale des fleurs sur la tige ou les rameaux.

INTERROMPU. Se dit des épis dont les fleurs ou les épillets inégalement espacés, laissent voir en certains endroits l'axe qui les porte. (Voir *Lobulé*.

INVOLUCELLE. Se dit, dans la famille des *Ombellifères,* d'organes ordinairement foliacés, linéaires, entiers ou non, situés à la base des ombellules.

INVOLUCRE. Organes ordinairement foliacés, linéaires, entiers ou non, situés à la base des ombelles ; — folioles situées à la base de quelques capitules de fleurs ou au-dessous d'une fleur solitaire ; — enveloppe de certains fruits, foliacée ou coriace, souvent épineuse.

IRRÉGULIER. Qui manque de symétrie apparente.

JONCIFORMES. Qui a l'aspect de joncs.

LABELLE. Celui des pétales, dans la famille des *Orchidées,* qui est dirigé en bas.

LACHE. Peu fourni, peu serré.

LACINIÉ. Déchiqueté en lanières étroites.

LAINEUX. Couvert comme de laine.

LANCÉOLÉ. Oblong et étroit, insensiblement rétréci aux deux extrémités.

LANGUETTE. Semblable à une langue étroite. (Voir Fleur *Composée*).

LIBRE. Qui n'a contracté aucune adhérence.

LIGNEUX. Qui a la consistance du bois.

LIGULE. Membrane scarieuse, mince, transparente qui existe au sommet de la gaine des feuilles des *Graminées* et de quelques *Cypracées.* Se dit aussi quelquefois des fleurs en languette.

LIGULÉ. Qui a une ligule ou qui est en forme de languette.

LIMBE. Partie plane et foliacée de la feuille, ou d'un calice ou d'une corolle.

LINÉAIRE. Surface très-étroite, à bords presque parallèles.

LINÉAIRE-LANCÉOLÉ. Plus large que linéaire, plus étroit que lancéolé.

LISSE. Qui ne présente ni poils, ni aspérités.

LOBE. Division.

LOBULÉ. Offrant de petites divisions ou interruptions.

LOGE. Cavité des capsules ou des carpelles.

MALE. Une fleur mâle est celle qui possède des étamines sans ovaire.

MEMBRANE. Organe en lame mince et transparente.

MEMBRANEUX. Qui a l'aspect d'une membrane.

MÉRICARPE. S'applique, dans les *Ombellifères,* à chacun des deux akènes qui, d'abord soudés, se séparent à la maturité.

MONOCOTYLÉDONES. (Voir *Cotylédons*).

MONOÏQUE. Se dit d'une plante ayant deux sortes de fleurs unisexuelles sur le même individu.

MONOPÉTALE. Fleur dont la corolle se détache tout d'une pièce.

MONOSPERME. Qui n'a qu'une graine.

MUCRON. Pointe raide et courte qui termine brusquement un organe.

MUCRONÉ. Qui porte un mucron.

MUTIQUE. Qui n'est terminé ni par une pointe, ni par un mucron.

NAPIFORME. En forme de rave.

NECTAIRE. (Voir *Fossette*).

NERVURES. Faisceau de fibres constituant la charpente de la feuille. Elles sont surtout visibles en dessous.

NEUTRE. Fleur dans laquelle les organes sexuels manquent ou sont incomplètement développés.

NŒUD. Articulation renflée correspondant au point d'insertion des feuilles.

NU. Dépourvu d'enveloppes.

OB. Devant un qualificatif s'emploie pour indiquer que la forme de l'objet est renversée.

OBCORDÉ. En cœur renversé.

OBLIQUE. Intermédiaire entre la direction perpendiculaire et la direction horizontale.

OBOVALE. Ovale dont la partie la plus étroite est en bas.

OMBELLE. Inflorescence dont les rameaux partent d'un même point au sommet d'un pédoncule commun.

OMBELLULE. Petite ombelle au sommet des rayons principaux de l'ombelle.

OMBILIC. Cicatrice par laquelle l'akène ou le carpelle est attaché. Dépression que présente un fruit à l'une de ses extrémités.

OMBILIQUÉ. Pourvu d'un ombilic.

ONGLET. Base étroite par laquelle un pétale est inséré.

OPPOSÉ. Qui est situé en face l'un de l'autre.

OPPOSITIFOLIÉ. Qui est du côté opposé à la feuille.

OREILLETTES. Se dit d'une paire d'expansions foliacées à la base d'une feuille.

OVAIRE. Partie inférieure du pistil qui renferme l'ovule et qui, après la fécondation, devient le fruit.

OVALE. Qui rappelle la coupe longitudinale d'un œuf.

OVOÏDE. Qui a la forme d'un œuf.

OVULE. État de la graine, dans l'ovaire, avant la fécondation.

PAILLETTES. Petites lames scarieuses ou coriaces qui hérissent le réceptacle de certaines fleurs réunies en tête.

PALMATIFIDES , PALMATILOBÉ , PALMATIPARTITE , PALMATISÉQUÉ , PALMÉ. Découpé à diverses profondeurs, et disposé comme les doigts de la main. (Voir *Penné* et mots précédents).

PANICULE. Inflorescence caractérisée par des fleurs insérées le long d'un axe sur des pédoncules rameux , et dont les inférieurs sont plus longs que les supérieurs. La panicule est spiciforme lorsque les rameaux sont dressés et appliqués.

PAPILIONACÉES. Fleurs dont les pièces de la corolle sont désignées par des noms caractéristiques : le pétale supérieur, ordinairement dressé et étalé, se nomme *étendard;* les deux latéraux se nomment les *ailes;* les deux inférieurs, rapprochés ou adhérents entre eux, ont reçu le nom collectif de *carène*. Le fruit se nomme une gousse.

PAPILLES. Petites rugosités rapprochées qui couvrent certaines surfaces.

PARASITE. Qui vit aux dépens d'autres végétaux , soit sur les branches, soit sur les racines.

PECTINÉ. Disposé comme les dents d'un peigne.

PÉDALÉE. Feuille dont le pétiole est divisé au sommet en deux branches divergentes qui portent à leur côté interne des folioles parallèles.

PÉDICELLE. Support particulier de chaque fleur.

PÉDICELLÉ. Muni d'un pédicelle.

PÉDONCULE. Rameau qui porte la fleur, ou les fleurs quand il en existe plusieurs sessiles ou munies d'un pédicelle.

PÉDONCULÉ. Muni d'un pédoncule.

PELTÉ. Se dit d'un organe de forme orbiculaire adhérant au support par le centre d'une de ses faces.

PENNATIFIDE. Divisé en plusieurs lobes jusqu'au milieu du limbe.

PENNATIPARTITE. Divisé jusqu'au-delà du milieu du limbe.

PENNATISÉQUÉ. Divisé jusqu'à la nervure.

PENNÉ OU PINNÉ. Divisé comme les barbes d'une plume.

PÉRENNANT. Qui vit plus d'une année.

PERFOLIÉ. Se dit d'une feuille qui, étant alterne, paraît traversée par l'axe qui la supporte.

PÉRIANTHE. Ensemble des enveloppes florales, surtout lorsque le calice et la corolle sont tous les deux colorés, ou tous les deux herbacés, ou l'un des deux nuls.

PÉRICARPE. Enveloppe extérieure du fruit et de la graine.

PÉRICLINE. (Voir Fleur *Composée.*)

PÉRIGONE. (Voir *Périanthe*).

PERSISTANT. Opposé à caduc; qui ne se détache pas spontanément de la tige.

PÉTALE. Une des parties constitutives de la corolle.

PÉTALOÏDE. Qui a l'apparence d'un pétale coloré.

PÉTIOLE. Support de la feuille.

PÉTIOLÉ. Muni d'un pétiole.

PÉTIOLULE. Support des divisions d'une feuille composée.

PÉTIOLULÉ. Muni d'un pétiolule.

PINNULES. Nom attribué aux divisions des feuilles des Fougères.

PISTIL. Ensemble de l'organe femelle composé de l'*Ovaire*, comme la partie la plus inférieure, du *Style* qui est la partie moyenne, et des *Stigmates* qui sont terminaux. Le *Style* manque quelquefois et les *Stigmates* sont alors sessiles.

PIVOTANT. Qui s'enfonce verticalement dans le sol.

PLUMEUX. Se dit d'un organe, dent, arête, poil, etc., portant deux rangées de poils, disposés comme les barbes d'une plume.

POLYGAME. Se dit d'une plante qui porte en même temps des fleurs hermaphrodites, des fleurs mâles et des fleurs femelles sur le même individu.

POLYPÉTALE. Qui possède plusieurs pétales libres entre eux.

POLYPHYLLE. A feuilles ou à folioles nombreuses.

POLYSPERME. A plusieurs graines.

PONCTUÉ. Marqué de petites taches ou de points souvent trans-
lucides.

PORRIGÉ. Porté en avant.

PRISMATIQUE. A plusieurs faces et à plusieurs angles.

PUBESCENT. Couvert d'un duvet fin, court, peu serré.

PUBÉRULENT. (Voir *Pubescent*).

PULVÉRULENT. Couvert d'une poudre fine comme la poussière.

PULPEUX. Composé d'une substance molle, succulente, entourant la graine.

QUADRIFIDE. Fendu en quatre ; à quatre parties.

QUINAIRE. Dont les organes sont disposées par cinq.

RACHIS. (Voir *Axe*).

RADICANT. Se dit de tiges couchées ou grimpantes, émettant
des racines adventives.

RADICAL. Qui tient à la racine ou qui en part directement.

RADICELLES. Racines secondaires.

RAMÉAL. Qui appartient, qui tient au rameau.

RAMEAU. Divisions et subdivisions de la tige ; les rameaux sont
stériles ou fertiles.

RAMPANT. Couché sur la terre.

RAYON. On désigne sous ce nom les pédoncules secondaires qui
constituent la charpente de l'ombelle, eux-mêmes divisés en
rayons secondaires portant les fleurs de l'ombellule. (Voir
Fleur *Composée*).

RAYONNANT. Disposé comme des rayons.

RÉCEPTACLE. Extrémité plus ou moins élargie du pédoncule qui donne insertion aux diverses parties dont se compose la fleur. (Voir aussi Fleur *Composée*).

REDRESSÉ. (Voir *Ascendant*).

RÉFLÉCHI. Qui retombe le long de son support.

RÉFRACTÉ. Réfléchi brusquement dès la base.

RÉGULIER Dont toutes les parties sont semblables par la forme ou par les dimensions.

REJET. Tiges qui naissent sur la souche des plantes vivaces ; les rejets sont stériles ou fertiles.

RÉNIFORME. En forme de rognon.

RÉTICULÉ. Comme un réseau.

RHIZÔME. Tige souterraine qui rampe horizontalement ou obliquement au-dessous de la surface du sol.

RHOMBOÏDAL. Dont le pourtour est un quadrilatère irrégulier.

RONCINÉ. Se dit d'une feuille oblongue et pennatifide dont les lobes sont aigus et dirigés vers la base.

ROSETTE (en). Disposé en cercles rapprochés.

ROUE (en). Se dit de corolles monopétales à limbe presque plan, et à tube presque nul.

SAGITTÉ. En forme de fer de flèche.

SARMENTEUX. Se dit des tiges ligneuses, très-longues par rapport au diamètre, prenant appui sur les arbres ou arbrisseaux voisins, ou rampant sur le sol.

SCABRE. Rendu rude par des poils courts.

SCARIEUX. Qui a la consistance d'une écaille sèche.

SCORPIOÏDE. Recourbé en forme de queue de scorpion.

SEGMENT. Portion d'un organe divisé.

SEMI-INFÈRE. Se dit d'un ovaire visible en partie seulement au-dessous de la fleur.

SÉPALES. Organes constitutifs du calice.

SERTULE. Ombelle simple.

SESSILE. Qui n'a point de support.

SÉTACÉ. Qui a la forme ou la consistance d'une soie ou d'un poil raide.

SILICULE. Fruit de quelques crucifères souvent aussi large que long.

SILIQUE. Fruit de quelques crucifères bien plus long que large.

SILLONNÉ. Marqué de sillons, de cannelures; le sillon est plus profond que la strie.

SIMPLE. Qui n'est ni rameux, ni divisé.

SINUÉ. Dont les bords sont flexueux.

SOIE. Poil raide.

SOLITAIRE. Qui n'est point accompagné d'organes de même nature.

SOUCHE. Base de la tige sur laquelle se développent les racines.

SOYEUX. Qui imite les reflets de la soie.

SPATHE. Grande bractée membraneuse qui entoure les fleurs de quelques espèces monocotylédonées.

SPICIFORME. (Voir *Panicule*).

SPINULEUX. Présentant quelques petites épines.

STÉRILE. Qui ne produit ou ne peut produire ni fleurs, ni fruits.

STIGMATE. (Voir *Pistil*).

STIPITÉ. Elevé, attaché sur un pied ou un support.

STIPULAIRE. Qui tient lieu de stipules; qui est à la place ordinaire des stipules.

STIPULES. Accessoires foliacés, membraneux ou scarieux, situés à la base des feuilles, libres ou soudés au pétiole.

STOLON. Rejet rampant qui pousse sur les racines ou à la base des tiges, et peut devenir une nouvelle plante.

STOLONIFÈRE. Pourvu de stolons.

STRIE. Ligne très-fine tracée sur une surface, soit en creux, soit en un trait coloré.

STRIÉ. Muni de stries.

STYLE. (Voir *Pistil*).

SUB. Diminutif que l'on associe aux qualificatifs pour en atténuer la valeur ; il signifie *sous, à peine, presque*.

SUBÉREUX. Qui a la nature ou la consistance du liége.

SUBULÉ. En forme d'alène.

SUCCULENT. Gorgé de sucs aqueux.

SUPÈRE. Qui est situé en dessus ; se dit d'un ovaire renfermé dans les organes floraux.

TERNÉ. Disposé par trois.

TÉTRAGONE. A quatre angles.

TÉTRAMÈRE. Dont les organes sont disposés par quatre.

THYRSE. Panicule serrée de forme pyramidale.

TIGE. Axe aérien chez les végétaux.

TOMENTEUX. Revêtu d'une pubescence cotonneuse.

TORULEUX. Bosselé.

TRAÇANT. Se dit des racines longuement rampantes.

TRIFIDE. Fendu en trois.

TRIFOLIOLÉ. A trois folioles.

TRIGONE. A trois angles.

TRIMÈRE. Dont les organes sont disposés par trois.

TRINERVIÉ. A trois nervures.

TRIQUÊTRE. A trois angles saillants séparés par trois angles rentrants.

TRONQUÉ. Terminé par une surface plane ou par une ligne horizontale.

TUBE. Partie inférieure de la corolle monopétale ou du calice monosépale.

TUBERCULE. Renflement ; élévation granuliforme à la surface de certains fruits.

TUBERCULEUX. Muni de tubercules.

TUBÉREUX. Se dit d'une racine ou d'une souche épaissie en tubercule.

UNISEXUEL. Qui n'a que des étamines sans pistil, ou un pistil sans étamines.

UNIFLORE. Pourvu d'une seule fleur.

UNILATÉRAL. Inséré ou se dirigeant d'un seul côté.

UNILOCULAIRE. Qui n'a qu'une seule loge.

UTRICULE. Organe membraneux qui, dans le genre *Carex*, enveloppe la graine sans y adhérer.

VALVES. Pièces qui composent les capsules, et se séparent les unes des autres à la maturité.

VERTICILLÉ. Se dit d'organes disposés en anneau autour de leur support commun.

VIVACE. Qui vit plusieurs années.

VIVIPARE. Se dit d'une plante qui produit, au lieu de graines, des bulbilles reproducteurs.

VOLUBILE. Se dit d'une tige, d'une vrille, d'un pétiole qui s'enroule en spirale.

VRILLE. Organe filiforme s'enroulant en spirale autour des corps voisins pour soutenir la plante.

---

① Plante annuelle.

② Plante bisannuelle.

♃ Plante vivace.

MANUEL ANALYTIQUE

DE LA

FLORE

DU DÉPARTEMENT

DES DEUX-SÈVRES

ANALYSE DES FAMILLES.

4. Fruit constitué par un akène sessile, ou très-rarement muni d'un support creux aussi long que lui. *Composées.* **64.**
Une capsule plus ou moins pédicellée. *Campanulacées.* **61.**

5. Fleurs insérées sur un réceptacle, en capitule entouré d'un involucre à plusieurs folioles   6
Fleurs non disposées sur un réceptacle involucré. .   10

6. Plante monoïque : les fleurs mâles en capitule globuleux, les femelles solitaires ; tige munie de longues épines jaunes. *Ambrosiacées.* **65.**
Toutes les fleurs en capitules ; fleurs hermaphrodites.   7

7. Corolle insérée sur le calice ; ovaire infère.   8
Corolle insérée sous l'ovaire ; ovaire supère. *Globulariées.* **56.**

8. Feuilles opposées. *Dipsacées.* **63.**
Feuilles alternes ou radicales   9

9. Plante lisse. *Campanulacées.* **61.**
Plante épineuse. *Ombellifères.* **24.**

10. Fleurs papilionacées. *Papilionacées.* **12.**
Non.   11

11. Plante parasite sur les arbres ; baie translucide, contenant un suc visqueux. *Loranthacées.* **71.**
Non.   12

12. Fleurs et fruits renfermés dans un involucre charnu,
     pyriforme; feuilles rudes, lobées; arbre lactes-
     cent. *Artocarpées.* **75.**
     Non   13

13. Plantes nageantes, rarement submergées, lenticu-
     laires ou triangulaires, agrégées ou solitaires, à
     radicelles non attachées au sol ou nulles. *Lemna-
     cées.* **91.**
     Racines implantées dans le sol.   14

14. Plante dioïque.   15
     Plante monoïque, polygame ou hermaphrodite. . .   31

15. Tige volubile ou grimpante.   16
     Non.   18

16. Feuilles lisses, luisantes. *Dioscorées.* **87.**
     Feuilles rudes.   17

17. Plante munie de vrilles. *Cucurbitacées.* **18.**
     Point de vrilles. *Urticées.* **9.**

18. Tige ligneuse ou sous-arbrisseau à feuilles ovales-
     aiguës, coriaces, piquantes.   19
     Tige herbacée.   22

19. Feuilles linéaires, ternées. *Conifères.* **77.**
     Feuilles plus ou moins élargies.   20

20. Fleurs portées sur la feuille piquante à son extré-
     mité.   28
     Fleurs non portées sur les feuilles.   21

44. Plante entièrement submergée ; fleurs sessiles, axillaires, solitaires. *Cératophyllées.* **10.**
Inflorescence émergée ; fleurs en épi ou en verticilles axillaires. *Onagrariées.* **15.**

45. Plantes nageantes entièrement submergées ou ne s'étalant qu'à la surface de l'eau. 46
Plantes terrestres ou aquatiques jamais nageantes, dressées. 47

46. Feuilles denticulées, mucronées ou carpelles prolongés en bec par le style persistant. *Naïadées.* **80.**
Feuilles entières ; fruit se séparant en quatre carpelles à dos caréné. *Callitrichinées.* **16.**

47. Enveloppe florale pétaloïde. 48
Enveloppe florale non pétaloïde. 49

48. Fleurs blanches en ombelle; fruit formé de deux akènes se séparant à la maturité. *Ombellifères.* **24.**
Fleurs jaunâtres ; fruit capsulaire s'ouvrant avec élasticité. *Cucurbitacées.* **18.**

49. Feuilles opposées, velues, munies de stipules. *Urticées.* **9.**
Feuilles alternes ou radicales. 50
Feuilles verticillées ; fleurs solitaires à l'aisselle des feuilles. 169

50. Enveloppe florale réduite à une écaille ; feuilles

59. Fleurs jaunâtres; fruit à la fin noir. *Araliacées*. **23**.
Fleurs violettes; baie à la fin rouge. *Solanées*. **50**.

60. Deux étamines. *Oléacées*. **55**.
Plus de deux étamines. 61

61. Pédoncule floral muni d'une longue bractée lancéolée. *Tiliacées*. **41**.
Non. 62

62. Fruit ailé 63
Fruit non ailé. 64

63. Un seul akène ailé tout autour; aile échancrée au sommet; feuilles seulement dentées. *Ulmacées*. **76**.
Deux carpelles ailés à l'extrémité et se séparant à la maturité; feuilles lobées. *Acérinées*. **30**.

64. Etamines dépassant le nombre dix. 65
Dix étamines au plus. 67

65. Etamines insérées avec les pétales sur le calice. *Rosacées*. **13**.
Non. 66

66. Un style. *Cistinées*. **43**.
Plusieurs styles. *Hypéricinées*. **42**.

67. Feuilles linéaires, éparses. *Ericacées*. **59**.
Non. 68

68. Feuilles persistantes, réunies en rosette à l'extrémité de la tige ou des rameaux. *Daphnées*. **11**.
Feuilles non en rosette terminale. 69

1*

84. Etamines et pétales insérés sur le calice; feuilles
lobées. *Rosacées*. **13**.
Etamines et pétales non insérés sur le calice ou
feuilles entières.   85

85. Un éperon à la base de la fleur. *Violacées*. **45**.
Point d'éperon.   86

86. Feuilles lobées ou carpelles terminés en long bec.
Géraniacées. **32**.
Feuilles entières ou carpelles non terminés en long
bec. . . . . *. . . . . , ...   87

87. Etamines nombreuses. *Cistinées*. **43**.
Etamines ne dépassant pas le nombre dix.   88

88. Feuilles alternes ou celles de la tige principale
obovales-spathulées, verticillées ordinairement
par quatre, ou sépales blancs-spongieux. *Paro-*
nychiées. **36**.
Feuilles opposées ou linéaires-fasciculées, ou sépales
herbacés. *Caryophyllées*. **35**.

89. Quatre-sept pétales, les plus grands à limbe lacinié;
quatre-sept sépales; capsule anguleuse, béante
au sommet, ou quatre-six carpelles en cercle,
libres. *Résédacées*. **7**.
Non.   90

90. Feuilles lobées ou ailées.   91
Feuilles entières ou dentées ou crénelées.   93

91. Six étamines soudées en deux faisceaux par les fi-
      lets. *Fumariacées.* **5**.
     Non.   92

92. Deux sépales caducs; plantes ordinairement lactes-
      centes. *Papavéracées.* **4**.
     Plus de deux sépales.   109

93. Pétales insérés au sommet du tube calicinal strié et
      ayant six-douze dents. *Lythrariées.* **14**.
     Non.   94

94. Plantes terrestres, charnues, ayant dans la fleur
      autant d'ovaires que de pétales. *Crassulacées.* **8**.
     Plantes non charnues ou plantes aquatiques.   95

95. Feuilles opposées ou verticillées ou fasciculées. . .   96
     Feuilles alternes, éparses au moins sur les rameaux
      ou toutes radicales.   103

96. Deux lobes du calice plus grands que les autres et
      ordinairement colorés; huit étamines à filets
      soudés en tube fendu antérieurement, libres en
      haut. *Polygalées.* **31**.
     Non.   97

97. Etamines nombreuses.   66
      Etamines ne dépassant pas le nombre dix.   98

98. Deux-trois sépales.   99
      Calice à plus de trois sépales ou de trois dents. . .   101

99. Très-petite plante rougeâtre ayant trois capsules dans le périanthe, trois sépales, trois pétales, trois étamines. *Crassulacées.* **8.**
Une capsule ou une baie dans le périanthe. 100

100. Fleurs axillaires; six-huit étamines; tiges radicantes. 101
Fleurs en cymes axillaires ou terminales; ordinairement trois étamines. *Portulacées.* **37.**

101. Plantes aquatiques, radicantes; moins de dix étamines et de cinq pétales. *Elatinées.* **38.**
Plantes terrestres ou ayant dix étamines ou cinq pétales 102

102. Capsule à huit-dix loges monospermes; tige sans nœuds; pétales contournés dans le bouton. *Linées.* **34.**
Capsule n'ayant pas huit loges monospermes; tige ordinairement noueuse. *Caryophyllées.* **35.**

103. Des poils glandulifères autour des feuilles ou dans la corolle. *Droséracées.* **44.**
Non. 104

104. Deux lobes du calice plus grands que les autres et ordinairement colorés. 96
Non. 105

105. Trois sépales à préfloraison tordue, souvent munis extérieurement de deux plus petits; cinq pé-

tales à préfloraison contournée en sens inverse des sépales. *Cistinées.* **43.**

Sépales à préfloraison non tordue. 106

106. Capsule globuleuse à huit-dix loges monospermes; pétales à préfloraison tordue dans le bouton. . 102

Fruit indéhiscent ou n'ayant pas huit-dix loges monospermes, ou feuilles toutes radicales, ou pétales non contournés dans le bouton. 107

107. Fleurs en épi grêle; feuilles toutes radicales, dressées, jonciformes; plante des lieux tourbeux ou marécageux. *Joncaginées.* **81.**

Non. 108

108. Trois sépales, trois pétales; carpelles indéhiscents, en cercle ou en tête ou en étoile; plantes aquatiques. *Alismacées.* **78.**

Quatre pétales au moins. 109

109. Quatre sépales, quatre pétales; ordinairement six étamines, dont deux plus courtes, rarement quatre; une silique ou une silicule. *Crucifères.* **6.**

Au moins cinq pétales ou cinq sépales. *Renonculacées.* **1.**

110. Au moins dix étamines ou anthères. 111

Etamines ou anthères n'atteignant pas le nombre dix. 113

111. Plante charnue à feuilles peltées ou les radicales en rosette dense. *Crassulacées.* **8.**

Plante non charnue. 112

150. Feuilles imparipennées, à folioles dentées ; fleurs
en tête serrée, longuement pédonculée. *Rosacées.* **13**.
Non. 151

151. Plusieurs lobes du périanthe laciniés ; fruit capsulaire, anguleux, béant au sommet. *Résédacés.* **7**.
Non. 152

152. Feuilles charnues, les inférieures nombreuses, obovales, en rosette dense : carpelles nombreux s'ouvrant par une suture interne. *Crassulacées.* **8**.
Feuilles non charnues, ou un seul ovaire dans le
périanthe 153

153. Capsule s'ouvrant circulairement en travers. . . . 154
Fruit indéhiscent. ou capsule s'ouvrant par des
valves ou par une fente longitudina'e. 156

154. Fleurs solitaires, axillaires. *Portulacées.* **37**.
Non. 155

155. Enveloppe florale scarieuse ; étamines longuement
saillantes. *Plantaginées.* **68**.
Enveloppe florale herbacée ; étamines n'étant pas
saillantes. *Chénopodées.* **69**.

156. Deux akènes indéhiscents se séparant à la maturité ;
cinq étamines, deux styles ; périgone à cinq divisions libres ; fleurs ordinairement en ombelle.
Ombellifères. **24**.
Non . . . . 156 *bis*

163. Fleurs roses en ombelle; plante aquatique. *Bu-tomées*. **79**.
Fleurs verdâtres, en épi grêle; plante terrestre. *Daphnées*. **11**.
Fleurs colorées, disposées en grappes unilatérales. *Polygalées*. **31**.

168. Feuilles jonciformes. *Joncaginées*. **81**.
Feuilles non jonciformes. *Alismacées*. **78**.

178. Quatre ou cinq styles, ou capsule à six valves ou à
six dents. 179
Moins de quatre styles ou stigmates ; capsule ayant
moins de six valves. 180

179. Capsule polysperme à une seule loge. *Caryophyllées*. **35**.
Capsule à huit loges monospermes. *Linées*. **34**.

180. Fleurs sessiles, axillaires, solitaires. *Onagrariées*. **15**.
Fleurs en cymes latérales ou terminales. *Portulacées*. **37**.

181. Périanthe pétaloïde. *Iridées*. **83**.
Périanthe glumacé ou scarieux. 182
Périanthe herbacé. 184

182. Périanthe à six divisions ; capsule à trois valves ;
ordinairement six étamines, rarement trois. *Jon-
cées*. **85**.
Périanthe n'ayant pas six divisions ; un caryopse ;
une, deux, trois étamines. 183

183. Chaume pourvu de nœuds ; gaine des feuilles ordinairement fendue. *Graminées*. **94**.
Chaume dépourvue de nœuds ; gaines souvent
nulles, non fendues. *Cypéracées*. **93**.

184. Périanthe à quatre-cinq divisions persistant sur le

fruit; fleurs en grappes munies de bractées. *Loranthacées.* **71**.

Non. 185

185. Stigmate en pinceau; fleurs polygames en glomérules axillaires, toujours entourées d'un involucre commun, en tube dans les fleurs hermaphrodites, en cloche dans les autres. *Urticées.* **9**.

Stigmate n'étant pas en pinceau; fleurs quelquefois unisexuelles, munies ou non de bractées, mais jamais entourées d'un involucre en tube ou en cloche. *Chénopodées.* **69**.

186. Plantes nageantes, rarement submergées, lenticulaires ou triangulaires, agrégées ou isolées, à radicelles non attachées au sol, ou nulles. *Lemnacées.* **94**.

Plantes terrestres dans lesquelles on distingue des racines implantées dans le sol ou de vraies feuilles. . . . 187

Plantes terrestres ou aquatiques formées par un tissu presque semblable dans toutes leurs parties, où l'on ne distingue ni vraies racines, ni vraies feuilles, ni tiges véritables. *Algues. Lichens. Champignons.*

187. Tiges sans feuilles, simples ou à rameaux verticillés. 188

Plante munie de vraies feuilles. 189

188. Fructifications en épi cylindrique ou ovoïde au

sommet de la tige. *Equisétacées.* **96**.
Fructifications solitaires ou réunies à la base des rameaux. *Characées.* **98**.

189. Racine bulbeuse. 167
Non. 190

190. Fructifications pulvérulentes, nues ou couvertes à la surface inférieure des feuilles par une membrane mince ou portées par des pédoncules distincts de la feuille. *Fougères.* **95**.
Fructifications distinctes des feuilles, ou se développant à leur base. 191

191. Fructifications globuleuses, coriaces, à quatre loges, solitaires, sessiles à la base de feuilles simples, filiformes ; tiges, filiformes, rampantes, radicantes ; plantes aquatiques. *Marsiléacées.* **97**.
Plantes n'offrant pas tous ces caractères réunis. *Lycopodiacées. Isoétacées. Mousses. Hépatiques.*

ANALYSE DES GENRES.

DICOTYLÉDONES.

1. RENONCULACÉES.

1. Carpelles monospermes, indéhiscents. 2
   Une ou plusieurs capsules déhiscentes, à plusieurs
   graines. 8

2. Feuilles opposées. *Clematis.* **9**.
   Feuilles alternes ou radicales. 3

3. Une seule enveloppe florale. 4
   Deux enveloppes florales, calice et corolle. 5

4. Un involucre foliacé, découpé, placé un peu au-
   dessous de la fleur. *Anemone.* **7**.
   Pas d'involucre. *Thalictrum.* **8**.

5. Pétales à onglet muni d'un appendice tubuleux, plus

2. BERBÉRIDÉES.

Berberis. **14.**

3. NYMPHÉACÉES.

Fleurs blanches ; quatre sépales. *Nymphœa.* **15.**
Fleurs jaunes ; trois sépales. *Nuphar.* **16.**

4. PAPAVÉRACÉES.

1. Etamines en nombre indéfini ; pétales non lobés. . .   2
   Quatre étamines ; quatre pétales, dont deux trilobés.
   Hypecoum. **18.**

2. Capsule linéaire en forme de silique ; fleurs jaunes.
   Chelidonium. **17.**
   Capsule globuleuse ou oblongue ; fleurs rouges.
   Papaver. **19.**

5. FUMARIACÉES.

Capsule à deux valves, à plusieurs graines. *Cory-
dalis.* **20.**
Capsule globuleuse, indéhiscente, à une seule graine.
Fumaria. **21.**

6. CRUCIFÈRES.

1. Fruit au moins trois fois plus long que large (silique).   2
   Fruit à peine plus long que large (silicule).   20

2. Silique indéhiscente, articulée. *Raphanus*. **22**.
   Silique déhiscente.   3

3. Des bulbilles violacés, écailleux, à l'aisselle des
   feuilles. *Dentaria*. **40**.
   Pas de bulbilles.   4

4. Stigmate divisé en deux lames obtuses.   5
   Stigmate entier ou seulement échancré.   6

5. Lames du stigmate dressées-conniventes; fleurs
   blanches ou roses. *Hesperis*. **42**.
   Lames du stigmate divariquées; fleurs jaunes. *Cheiranthus*. **43**.

6. Valves de la silique se roulant en dehors avec élasticité lors de la maturité. *Cardamine*. **41**.
   Non.   7

7. Fleurs jaunes.   8
   Fleurs blanches.   15

8. Feuilles dentées ou les inférieures lobées.   9
   Feuilles entières ou obscurément dentées. *Erysi-
   mum*. **44**.

9. Graines disposées sur deux rangs.   10
   Graines sur un seul rang.   11

10. Siliques arquées-ascendantes, linéaires-cylindri-
    ques, sans nervure dorsale. *Nasturtium*. **46**.
    Siliques droites, étalées, linéaires-tétragones, à

valves munies d'une nervure sur le dos. *Diplotaxis.* **48.**

11. Tige anguleuse, sillonnée. *Barbarea.* **45.**
    Tige arrondie, non sillonnée. . . , ...   12

12. Valves de la silique, munies chacune de trois nervures dorsales.   13
    Valves munies d'une seule nervure sur le dos. . . .   14

13. Valves de la silique emboitées dans la base du style simulant une corne. *Sinapis.* **50.**
    Siliques à valves non emboitées dans la base du style. *Sisymbrium.* **47.**

14. Feuilles supérieures entières et pétiolées. *Sinapis.* **50.**
    Feuilles toutes pennatifides. *Erucastrum.* **49.**

15. Feuilles pennatiséquées.   16
    Feuilles entières ou seulement dentées.   17

16. Fleurs en grappes terminales ou oppositifoliées. *Nasturtium.* **46.**
    Fleurs solitaires à l'aisselle des feuilles. *Sisymbrium.* **47.**

17. Plante glauque ; siliques dressées. *Turritis.* **39.**
    Plante verte ou siliques étalées.   18

18. Feuilles radicales en rosette. *Arabis.* **38.**
    Point de rosette radicale.   19

28. Pétales des fleurs extérieures très-inégaux. *Ibe-
    ris.* **29**.
    Pétales égaux. 29

29. Silicule triangulaire. *Capsella.* **32**.
    Non. 30

30. Une graine dans chaque loge de la silicule. *Lepi-
    dium.* **34**.
    Deux ou plusieurs graines dans chaque loge.. . . 31

31. Silicule ailée. *Thlaspi.* **31**.
    Silicule non ailée. *Hutchinsia.* **33**.

32. Fleurs jaunes. 33
    Fleurs blanches. 34

33. Silicule cunéiforme, ailée, pendante. *Isatis.* **27**.
    Silicule globuleuse, étalée. *Neslia.* **24**.
    Silicule cylindrique à la base, dilatée au sommet en
        deux bosses latérales, dressée. *Myagrum.* **23**.

34. Silicule globuleuse, à une loge ; tige dressée. *Cale-
    pina.* **25**.
    Silicule réniforme, à deux loges ; tiges couchées.
        Senebiera. **26**.

7. RÉSÉDACÉES.

Capsule unique s'ouvrant au sommet. *Reseda.* **52**.
Quatre-six capsules disposées en étoile, s'ouvrant
    par le côté interne. *Astrocarpus.* **53**.

8. CRASSULACÉES.

1. Feuilles peltées; corolle tubuleuse. *Umbilicus.* **55**.
Non. . . . .　　**2**

2. Pétales, étamines, carpelles au nombre de trois ou
quatre; très-petite plante. *Tillœa.* **56**.
Non. . . . .　　**3**

3. Feuilles inférieures sessiles, en rosette dense. *Sem-
pervivum.* **57**.
Feuilles inférieures n'étant pas en rosette dense.
Sedum. **54**.

9. URTICÉES.

1. Herbes à poils produisant une piqûre brûlante. *Ur-
tica.* **59**.
Non. . . . .　　**2**

2. Tige volubile, grimpante. *Humulus.* **60**.
Tige ni volubile, ni grimpante. *Parietaria.* **58**.

10. CÉRATOPHYLLÉES.

Ceratophyllum. **61**.

11. DAPHNÉES.

Fruit en baie; fleurs en bouquet. *Daphne.* **63**.
Fruit capsulaire; fleurs en épis grêles. *Passerina.* **62**.

12. PAPILIONACÉES.

1. Feuilles digitées. *Lupinus.* **69.**
Non.   2

2. Filets des étamines soudés en tube.   3
Au moins une étamine libre.   9

3. Calice formé de deux sépales distincts jusqu'à la
base; arbrisseau épineux, toujours vert. *Ulex.*
64.
Calice à divisions non distinctes jusqu'à la base. . .   4

4. Calice enflé - vésiculeux; foliole supérieure très-
grande. *Anthyllis.* **71.**
Non.   5

5. Gousse couverte de glandes et longuement saillante
hors du calice. *Adenocarpus.* **68.**
Non.   6

6. Calice à cinq dents profondes; étendard rayé. *Ono-
nis.* **70.**
Calice à deux lèvres.   7

7. Calice à lèvre supérieure divisée en deux dents. . .   8
Lèvre supérieure du calice divisée jusqu'à la base
en deux lobes. *Genista.* **66.**

8. Feuilles toutes trifoliolées; petit arbrisseau couché.
Cytisus. **67.**
Feuilles supérieures simples; arbrisseau dressé.
Sarothamnus. **65.**

16. Gousse à un seul article comprimé, ridé, épineux, à
    une seule graine. *Onobrychis*. **87**.
    Gousse à plusieurs graines. 17

17. Gousse présentant sur un de ses bords des échan-
    crures en forme de fer à cheval. *Hippocrepis*. **86**.
    Gousse non échancrée sur un de ses bords. 18

18. Carène obtuse. 19
    Carène acuminée en bec. *Coronilla*, **84**.

19. Gousse composée d'articles à une seule graine. *Or-
    nithopus*. **85**.
    Gousse non articulée, presque à trois angles. *Astra-
    galus*. **78**.

20. Gousse bosselée-noueuse, prolongée en bec court.
    Ervilia. **81**.
    Gousse non bosselée-noueuse. 21

21. Style courbé en carène, canaliculé en dessous. *Pi-
    sum*. **82**.
    Style sans canal en dessous. 22

22. Tube des filets des étamines tronqué très-oblique-
    ment au sommet. 23
    Tube des filets des étamines tronqué à angle droit.
    Lathyrus. **83**.

23. Gousse à bord supérieur prolongé en bec. *Vicia*. **80**.
    Gousse à sommet symétrique non prolongé en bec.
    Ervum. **80**.

13. ROSACÉES.

1. Feuilles entières ou seulement denticulées. 2
Feuilles pennatifides, ou lobées, ou palmées, ou profondément incisées. 6

2. Ovaire placé dans la fleur. 3
Ovaire visible sous la fleur. 4

3. Drupe couverte à la maturité d'une efflorescence
glauque; pédoncules égalant à peine le calice.
Prunus. **92.**
Drupe dépourvue d'efflorescence glauque; pédoncules bien plus longs que le calice. *Cerasus.* **93.**

4. Divisions du calice foliacées, très-développées. *Mespilus.* **101.**
Non. 5

5. Styles libres ; fruit non ombiliqué à la base.
Pyrus. **103.**
Styles soudés à la base ; fruit ombiliqué à l'insertion
du pédoncule. *Malus.* **104.**

6. Fleurs en tête ovoïde, serrée, longuement pédonculée. 7
Non. 8

7. Monoïque ou polygame ; vingt-trente étamines ; deux

ovaires; deux stigmates plumeux. *Poterium.* **91.**
Hermaphrodite; quatre étamines; un ovaire; un
stigmate en tête. *Sanguisorba.* **90.**

8. Arbrisseau épineux. 9
   Herbes ou arbres non épineux. 11

9. Feuilles composées. 10
   Feuilles simples, lobées ou dentées. *Cratægus.* **100.**

10. Calice tubuleux, charnu, renfermant des akènes
    nombreux. *Rosa.* **98.**
    Calice non tubuleux; fruit composé de carpelles
    libres sur un réceptacle conique, charnus, mo-
    nospermes. *Rubus.* **97.**

11. Tige ligneuse; arbre ou arbrisseau. *Sorbus.* **102.**
    Herbes. 12

12. Carpelles munis d'une arête genouillée, articulée.
    Geum. **94.**
    Carpelles non aristés. 13

13. Tube du calice coriace, hérissé au sommet d'é-
    pines subulées et crochues; fleurs en longue
    grappe lâche. *Agrimonia.* **99.**
    Non. 14

14. Fleurs très-petites et peu apparentes, disposées en
    petits fascicules opposés aux feuilles. *Alche-
    milla.* **89.**
    Fleurs très-apparentes, en corymbe, ou solitaires à

l'aisselle des feuilles, et plus ou moins longuement
pédonculées.   15

15. Un calice et un calicule à cinq lobes chacun.   16
Calice à cinq lobes, sans calicule. *Spiræa.* **88.**

16. Akènes disposés sur un réceptacle charnu, succulent. *Fragaria.* **96.**
Akènes disposés sur un réceptacle sec. *Poten-
tilla.* **95.**

14. LYTHRARIÉES.

Tube du calice long, strié ; style filiforme. *Ly-
thrum.* **105.**
Tube du calice en cloche ; style court. *Peplis.* **106.**

15. ONAGRARIÉES.

1. Feuilles simples, linéaires, verticillées en grand nombre. *Hippuris.* **112.**
Non.   2

2. Fruit gros, ligneux, armé ordinairement de quatre
épines ; feuilles submergées à segments capillaires, les flottantes rhomboïdales en rosette.
Trapa. **113.**
Non.   3

3. Feuilles pectinées, verticillées, à segments capillaires.
Myriophyllum. **109.**
Feuilles entières ou seulement dentées.   4

4. Fleurs munies de pétales.   5
Fleurs sans pétales. *Isnardia.* **110.**

5. Deux pétales profondément bilobés. *Circæa.* **111.**
Plus de deux pétales.   6

6. Fleurs jaunes. *OEnothera.* **107.**
Fleurs roses, rarement blanches. *Epilobium.* **108.**

16. CALLITRICHINÉES.

Callitriche. **114.**

17. ARISTOLOCHIÉES.

Aristolochia. **115.**

18. CUCURBITACÉES.

Plante monoïque, dépourvue de vrilles. *Ecbal-lium.* **117.**
Plante dioïque, munie de vrilles. *Bryonia.* **116.**

19. SAXIFRAGÉES.

Deux enveloppes florales. *Saxifraga.* **118.**
Corolle nulle. *Chrysosplenium.* **119.**

20. CORNÉES.

Cornus. **120.**

21. CAPRIFOLIACÉES.

1. Un seul style. *Lonicera.* **124.**
   Plus d'un style ou stigmate. 2

2. Cinq étamines à filets bipartits représentant dix étamines ; quatre-cinq styles ; fleurs en tête cubique.
   Adoxa. **121.**
   Cinq étamines à filets simples ; trois stigmates sessiles. 3

3. Feuilles simples. *Viburnum.* **123.**
   Feuilles imparipennées. *Sambucus.* **122.**

22. RUBIACÉES.

1. Fruit en forme de baie. *Rubia.* **128.**
   Fruit sec. 2

2. Fruit couronné par les lobes du calice. *Sherar-
   dia.* **125.**
   Non. 3

3. Corolle en cloche ou en roue, à limbe plan et à quatre
   lobes. *Galium.* **129.**
   Corolle en entonnoir, tubuleuse. 4

4. Fleurs en épi ; deux carpelles oblongs. *Crucia-
   nella.* **127.**
   Fleurs en cymes autour des rameaux ; deux carpelles globuleux. *Asperula.* **126.**

23. ARALIACÉES.

Hedera. **130.**

24. OMBELLIFÈRES.

1. Feuilles et involucre épineux. *Eryngium.* **131.**
Non. 2

2. Fleurs jaunes ou jaunâtres. 3
Fleurs blanches, rosées ou verdâtres. 8

3. Feuilles simples, entières. *Buplevrum.* **142.**
Feuilles n'étant pas entières. 4

4. Involucre à plusieurs folioles. *Peucedanum.* **135.**
Involucre nul ou à une-deux folioles. 5

5. Feuilles une fois ailées, à lobes larges; plante plus
ou moins velue. *Pastinaca.* **136.**
Feuilles deux-trois fois ailées, ou plante glabre. . . 6

6. Divisions des feuilles capillaires 7
Divisions des feuilles planes, linéaires, non capil-
laires. *Silaus.* **159.**
Divisions des feuilles à segments ovales-crénelés.
Smyrnium. **156.**

7. Feuilles supérieures sessiles sur une gaîne plus
longue qu'elles; fruit à coupe transversale orbiculaire. *Fœniculum.* **162.**
Feuilles supérieures sessiles sur une gaîne plus

courte qu'elles; fruit aplati par le dos. *Ane-thum.* **134.**

8. Feuilles peltées; tige grêle, rampante. *Hydroco-tyle.* **158.**
Feuilles non peltées. 9

9. Feuilles ordinairement toutes radicales, longuement pétiolées, palmatipartites, à lobes incisés-dentés; ombelle irrégulière. *Sanicula.* **132.**
Feuilles ailées. 10

10. Fruits hérissés d'épines ou de soies raides. 11
Fruits glabres ou seulement velus. 17

11. Fruit linéaire, atténué en bec court, lisse; calice à dents nulles. *Anthriscus.* **140.**
Fruit non atténué en bec; calice à cinq dents. . . . 12

12. Involucre à folioles pennatifides. *Daucus.* **166.**
Non. 13

13. Aiguillons grêles, disposés irrégulièrement sur le dos du fruit. *Torilis.* **170.**
Aiguillons robustes, disposés en séries régulières sur les côtes du fruit. 14

14. Feuilles deux ou trois fois pennées. 15
Feuilles simplement ailées; rayons de l'ombelle rudes. *Turgenia.* **168.**

15. Involucre à cinq-huit folioles ; plante glabre ou
presque glabre. *Orlaya.* **163.**
Involucre nul ou à un petit nombre de folioles; plante
munie de poils raides, étalés. *Caucalis.* **169.**

16. Fruit linéaire ou fusiforme, au moins trois fois aussi
long qu'il est large. 17
Fruit non linéaire. 19

17. Fruit sans bec. *Chærophyllum.* **141.**
Fruit muni d'un bec distinct. 18

18. Fruit muni d'un bec plus court que lui ; involucelle
à folioles entières. *Anthriscus.* **140.**
Bec au moins trois fois aussi long que le fruit ; involucelle à folioles bi-trifides. *Scandix.* **139.**

19. Fruit globuleux - didyme ; plante fétide. *Bi-
fora.* **171.**
Fruit non globuleux-didyme. 20

20. Fruit aplati parallèlement à la commissure ; celle-ci
aussi large que le fruit lui-même dépourvu
d'ailes. 21
Fruit nullement comprimé, ou comprimé par le côté,
ou pourvu d'ailes membraneuses. 23

21. Fruit orbiculaire, rude, entouré d'un bord épais.
Tordylium. **138.**
Fruit n'étant pas rude, entouré d'un rebord mince. 22

22. Plante hérissée; pétales des fleurs extérieures plus
     grands. *Heracleum*. **137**.
   Plante glabre; pétales à peu près égaux. *Peuceda-*
   num. **135**.

23. Fruit muni de huit ailes plus larges que lui-même.
     Laserpitium. **165**.
   Fruit n'ayant pas huit ailes membraneuses. 24

2 4. Fruit muni de quatre ailes marginales, membra-
     neuses. *Angelica*. **133**.
   Non. 25

25. Fleurs dioïques ou monoïques. *Trinia*. **153**.
   Fleurs hermaphrodites ou polygames. 26

26. Fruit à dix côtes saillantes et ondulées. *Co-*
     nium. **157**.
   Non. 27

27. Folioles des feuilles linéaires-lacéolées, finement
     dentées en scie, souvent en faulx. *Falcaria*. **151**.
   Non. 28

28. Folioles des feuilles capillaires, verticillées autour
     de leur axe. *Carum*. **147**.
   Non. 29

29. Plante aquatique. 30
   Plante terrestre ou des lieux humides, mais ne
   vivant pas dans l'eau. 33

30. Fruit surmonté par les dents du calice accrescentes,
et par les styles dressés. *OEnanthe.* **164.**
Non. 31

31. Ombelles terminales. *Sium.* **143.**
Ombelles opposées aux feuilles. 32

32. Involucre à une-deux folioles ou nul. *Heloscia-
dium.* **152.**
Involucre à plus de deux folioles. *Berula.* **144.**

33. Involucre à folioles nombreuses, trifides ou pennatifides. *Ammi.* **149.**
Non 34

34. Fruit non comprimé, à coupe transversale orbiculaire ou à peu près. 35
Fruit comprimé par le côté, ou à coupe transversale
oblongue. 39

35. Fruit ovoïde-subglobuleux, à dix côtes saillantes;
involucelle tourné d'un seul côté. *Æthusa.* **163.**
Involucelle n'étant pas tourné d'un seul côté . . . 36

36. Calice à cinq dents accrescentes; fruit surmonté
par les styles dressés. 30
Calice à limbe presque nul ou à cinq dents non accrescentes; styles non dressés. 37

37. Fruit velu ou pubescent au moins avant la maturité. 38
Fruit glabre. *Silaus.* **159.**

38. Involucre à plusieurs folioles; ombelles denses. *Li-banotis.* **161.**

Involucre nul ou presque nul; ombelles de six-douze rayons. *Seseli.* **160.**

39. Involucre et involucelles nuls. 40

Au moins un involucelle. 42

40. Feuilles palmatiséquées, à segments triséqués. *Ægo-podium.* **148.**

Feuilles pennatiséquées. 41

41. Pétales orbiculaires, entiers; ombelles toujours dressées. *Apium.* **155.**

Pétales ovales, émarginés; ombelles penchées avant l'anthèse. *Pimpinella.* **145.**

42. Fruit didyme, à méricarpes épais, subréniformes, à trois côtes saillantes; involucre nul; involucelle à folioles très-petites. 6

Non. 43

43. Racine tubéreuse. *Conopodium.* **146.**

Racine pivotante. 44

44. Styles dressés; feuilles inférieures à plus de dix fo-lioles; pétales presque entiers; plante glauque. *Petroselinum.* **154.**

Styles étalés; feuilles inférieures à moins de dix folioles; pétales profondément échancrés; plante verte. *Sison.* **150.**

25. RHAMNÉES.

Rhamnus. **172.**

26. CÉLASTRINÉES.

Evonymus. **173.**

27. BUXACÉES.

Buxus. **174.**

28. ILICINÉES.

Ilex. **175.**

29. AMPÉLIDÉES.

Vitis. **176.**

30. ACÉRINÉES.

Acer. **177.**

31. POLYGALÉES.

Polygala. **178.**

32. GÉRANIACÉES.

Dix étamines pourvues d'anthères ; bec des carpelles
se courbant en arc à la maturité. *Geranium.* **179.**
Cinq étamines fertiles et cinq dépourvues d'anthères ;
bec des carpelles se roulant en spirale à la maturité. *Erodium.* **180.**

33. OXALIDÉES.

Oxalis. **181.**

34. LINÉES.

Linum. **182.**

35. CARYOPHYLLÉES.

1. Calice à sépales soudés en tube à la base, au moins
   dans leur moitié inférieure. 2
   Calice à sépales libres ou à peu près. 8

2. Fruit en baie. *Cucubalus.* **186.**
   Non. 3

3. Un calice et un calicule. *Dianthus.* **184.**
   Point de calicule. 4

4. Deux styles. 5
   Plus de deux styles. 6

5. Pétales en coin à la base, sans onglet. *Gypso-
   phila.* **183.**
   Pétales à onglet longuement linéaire. *Sapona-
   ria.* **185.**

6. Trois styles. *Silene.* **187.**
   Cinq styles. 7

7. Segments du calice linéaires et plus longs que la
   corolle. *Agrostemma*. **189.**
   Segments du calice plus courts que la corolle.
   Lychnis. **188.**

16. Quatre ou cinq styles. *Sagina.* **192**.
 Trois styles. *Alsine.* **194**.

36. PARONYCHIÉES.

1. Feuilles alternes. *Corrigiola.* **201**.
 Feuilles opposées. 2
 Feuilles moyennes verticillées. *Polycarpon.* **204**.

2. Feuilles munies de stipules scarieuses. 3
 Feuilles dépourvues de stipules. *Scleranthus.* **205**.

3. Sépales blancs, spongieux ; capsule s'ouvrant par la
 base en cinq valves. *Illecebrum.* **203**.
 Sépales herbacés ; capsule indéhiscente. *Herniaria.* **202**.

37. PORTULACÉES.

Pétales jaunes ; capsule s'ouvrant en travers ; graines
 nombreuses. *Portulaca.* **206**.
Pétales blancs ; capsule s'ouvrant en trois valves ;
 trois graines. *Montia.* **207**.

38. ÉLATINÉES.

Élatine. **208**.

39. EUPHORBIACÉES.

Plante à suc aqueux ; ovaire à deux coques. *Mercurialis.* **209**.
Plante à suc laiteux ; ovaire à trois coques. *Euphorbia.* **210**.

40. MALVACÉES.

Calicule à trois folioles libres, naissant de la base
du calice. *Malva*. **211**.
Calicule à six-neuf divisions, naissant du pédoncule.
Althæa. **212**.

41. TILIACÉES.

Tilia. **213**.

42. HYPÉRICINÉES.

1. Fruit en baie. *Androsæmum*. **216**.
Fruit capsulaire.   2

2. Fleur tubuleuse ; glandes hypogynes pétaloïdes ;
plante des lieux fangeux. *Elodes*. **215**.
Fleurs en roue; glandes hypogynes nulles. *Hypericum*. **214**.

43. CISTINÉES.

Feuilles, au moins les inférieures, munies de stipules. *Helianthemum*. **217**.
Point de stipules. *Fumana*. **218**.

44. DROSÉRACÉES.

Feuilles poilues - glanduleuses, toutes radicales ;
fleurs en grappe simple. *Drosera*. **219**.
Feuilles glabres, lisses; une feuille caulinaire; fleur
solitaire. *Parnassia*. **220**.

45. VIOLACÉES.

Viola. **221.**

46. SALICINÉES.

Une-cinq étamines; écailles des chatons entières.
   Salix. **222.**
Huit-douze étamines; écailles laciniées ou dentées.
   Populus. **223.**

47. GENTIANÉES.

1. Feuilles trifoliolées. *Menyanthes.* **224.**
   Feuilles simples. 2

2. Feuilles nageantes, orbiculaires-cordiformes. *Limnan-themum.* **225.**
   Non. 3

3. Fleurs grandes, en cloche, bleues. *Gentiana.* **227.**
   Fleurs n'étant pas bleues. 4

4. Huit étamines; plante glauque. *Chlora.* **226.**
   Moins de huit étamines.. 5

5. Cinq étamines. *Erythræa.* **230.**
   Quatre étamines. 6

6. Tige simple ou à rameaux dressés. *Microcala.* **229.**
   Tige à rameaux nombreux, divariqués. *Cicendia.* **228.**

48. OROBANCHÉES.

1. Fleurs munies de trois bractées. *Phelipæa*. **232.**
   Fleurs à une seule bractée.   2

2. Calice à deux divisions très-profondes, bifides. *Orobanche*. **231.**
   Calice campanulé à quatre divisions.   3

3. Calice velu, à peine dépassé par la corolle. *Lathræa*. **233.**
   Calice glabre, bien plus court que la corolle. *Clandestina*. **234.**

49. SCROPHULARIACÉES.

1. Tube de la corolle bossu à la base. *Antirrhinum*. **245.**
   Tube de la corolle éperonné à la base. *Linaria*. **246.**
   Tube de la corolle ni bossu, ni éperonné.   2

2. Plante des lieux vaseux; pédoncules radicaux dépassés par les feuilles oblongues, entières, longuement pétiolées. *Limosella*. **248.**
   Non.   3

3. Deux étamines pourvues d'anthères, quelquefois
   accompagnées de deux stériles.   4
   Plus de deux étamines pourvues d'anthères.   5

4. Corolle en roue, à tube très-court. *Veronica*. **247.**

Corolle à tube très-allongé et comme à deux lèvres.
Gratiola. **243.**

5. Corolle en cloche, à quatre-cinq divisions courtes.
Digitalis. **244.**
Corolle à deux lèvres distinctes.   6

6. Une-deux graines dans chaque loge de la capsule.
Melampyrum. **235.**
Plusieurs graines dans chaque loge.   7

7. Anthères mutiques..   8
Anthères aristées.   10

8. Calice renflé-ventru.   9
Calice non renflé; corolle presque globuleuse. *Scro-*
phularia. **242.**

9. Feuilles pennatifides. *Pedicularis.* **236.**
Feuilles doublement dentées. *Rhinanthus.* **237.**

10. Lèvre inférieure de la corolle à lobes émarginés ou
bilobés. *Euphrasia.* **240.**
Lèvre inférieure de la corolle à lobes entiers. . . .   11

11. Capsule ovale ou oblongue, comprimée.   12
Capsule presque vésiculeuse. *Trixago.* **239.**

12. Plante très-visqueuse. *Eufragia.* **238.**
Plante peu ou point visqueuse. *Odontites.* **241.**

50. SOLANÉES.

1. Fruit en baie. 2
Fruit capsulaire. 4

2. Calice très-renflé-vésiculeux, renfermant le fruit à la maturité. *Physalis*. **250**.
Non. 3

3. Corolle en cloche. *Atropa*. **251**.
Corolle en roue; étamines saillantes. *Solanum*. **249**.

4. Capsule épineuse; corolle en tube plissé longitudinalement. *Datura*. **252**.
Capsule lisse. 5

5. Corolle en entonnoir, veinée de brun. *Hyosciamus*. **253**.
Corolle en roue; étamines ordinairement velues. *Verbascum*. **254**.

51. APOCYNÉES.

Vinca. **255**.

52. ASCLÉPIADÉES.

Vincetoxicum. **256**.

53. BORRAGINÉES.

1. Corolle à gorge munie d'écailles fermant ordinairement le tube. 2
Corolle à gorge glabre ou velue, mais dépourvue d'écailles. 10

2. Corolle en roue, à lobes aigus; étamines appendiculées, à anthères dressées-conniventes. *Bor-
rago.* **257**.
Corolle à lobes obtus. 3

3. Calice fructifère dilaté, comprimé et paraissant être
à deux valves planes appliquées l'une contre
l'autre. *Asperugo* **260**.
Non. 4

4. Carpelles munis d'aiguillons crochus.. 5
Non. 6

5. Corolle en coupe; carpelles à trois angles; style
très-court. *Echinospermum.* **259**.
Corolle en entonnoir; carpelles déprimés; style allongé, persistant. *Cynoglossum.* **258**.

6. Tube de la corolle allongé, courbé. *Lycopsis.* **266**.
Tube de la corolle droit. 7

7. Ecailles de la corolle lancéolées-subulées, réunies
en cône. *Symphytum.* **265**.
Ecailles courtes, obtuses ou émarginées. 8

8. Base des carpelles plane; tube de la corolle court.
Myosotis. **262**.
Base des carpelles concave; tube de la corolle al-
longé; plantes à poils raides. 9

9. Feuilles inférieures à limbe non décurrent sur le
pétiole. *Caryolopha*. **267**.
Feuilles inférieures atténuées en pétioles. *Anchusa*. **268**.

10. Corolle irrégulière ; étamines inégales. *Echium.* **269**.
Corolle régulière. 11

11. Corolle à cinq lobes séparés par une dent saillante.
Heliotropium. **261**.
Corolle dépourvue de petite dent entre les lobes. . 12

12. Calice en tube, à cinq dents. *Pulmonaria*. **264**.
Calice à divisions prolongées jusqu'à la base. *Lithospermum*. **263**.

54. CONVOLVULACÉES.

1. Plante munie de feuilles. 2
Tige filiforme, sans feuilles. *Cuscuta*. **272**.

2. Deux larges bractées cordiformes sous la corolle.
Calystegia. **270**.
Bractées petites, éloignées de la fleur. *Convolvu-
lus*. **271**.

55. OLÉACÉES.

1. Arbrisseau à fruit bacciforme ; deux enveloppes florales. 2
Arbre à fruit sec ; enveloppes florales nulles. *Fraxinus*. **273**.

2. Fleurs blanches; feuilles elliptiques-lancéolées. *Li-gustrum*. **275**.
Fleurs jaunes; feuilles simples ou trifoliolées. *Jas-minum*. **273**.

56. GLOBULARIÉES.

Globularia. **276**.

57. VERBÉNACÉES.

Verbena. **277**.

58. LABIÉES.

1. Corolle en entonnoir, à quatre-cinq lobes presque égaux. 2
Corolle à deux lèvres bien distinctes. 3
Corolle presque à une seule lèvre, la supérieure étant très-courte. 21

2. Quatre étamines munies d'anthères. *Mentha*. **278**.
Deux étamines munies d'anthères. *Lycopus*. **279**.

3. Deux étamines munies d'anthères. *Salvia*. **280**.
Quatre étamines munies d'anthères. 4

4. Etamines inférieures plus longues 5
Etamines inférieures plus courtes 8

5. Corolle velue ou pubescente. 6
Non. 7

4*

6. Tube de la corolle barbu intérieurement, plus long
que le calice. *Leonurus.* **296.**
Tube de la corolle nu intérieurement, plus court que
le calice. *Chaiturus.* **297.**

7. Tige rampante; feuilles réniformes. *Glechoma.* **287.**
Tige dressée; feuilles ovales, aiguës, cordiformes.
Nepeta. **286.**

8. Etamines divergentes, droites, non arquées. . . .   9
Etamines divergentes, arquées, se rapprochant par
leur sommet.   10
Etamines parallèlement rapprochées sous la lèvre
supérieure de la corolle.   12

9. Fleurs en tête terminale ou en glomérules axillaires;
feuilles très-entières. *Thymus.* **282.**
Fleurs en épis paniculés, munies de bractées ordinairement colorées; feuilles un peu dentées ou crénelées. *Origanum.* **281.**

10. Calice cylindrique.   11
Calice campanulé, évasé; feuilles répandant par le
frottement une odeur de citron. *Melissa.* **285.**

11. Fleurs accompagnées de bractées sétacées, poilues.
Clinopodium. **284.**
Fleurs dépourvues de bractées sétacées. *Calamin-
tha.* **283.**

12. Calice enflé ou à deux lèvres.   13
Calice ni enflé, ni bilabié.   15

13. Calice à deux lèvres, enflé, ouvert à la maturité.
Melittis. **288.**
Calice bilabié, non enflé, à lèvres fermées à la ma-
turité. 14

14. Lèvre supérieure de la corolle trifide. *Scutella-*
ria. **298.**
Lèvre supérieure de la corolle entière, l'inférieure à
trois lobes. *Brunella.* **299.**

15. Etamines exertes, apparentes à la gorge de la corolle. 16
Etamines incluses avec le style dans le tube de la
corolle ; tube du calice à dix dents. *Marru-*
bium. **294.**

16. Etamines déjetées en dehors après la fécondation.
Stachys. **292.**
Non. 17

17. Lobes latéraux de la lèvre inférieure de la corolle
nuls ou en forme de dents. *Lamium.* **289.**
Non. 18

18. Corolle grande, d'un beau jaune; des tiges stériles
rampantes. *Galeobdolon.* **290.**
Non. 19

19. Lèvre inférieure de la corolle offrant de chaque côté,
à la base du lobe médian, une saillie dentiforme.
Galeopsis. **291.**
Non. 20

20. Un anneau de poils dans le tube de la corolle. *Ballota.* **295.**

Tube de la corolle sans anneau de poils. *Betonica.* **293.**

21. Tube de la corolle muni en dedans d'un anneau de poils. *Ajuga.* **300.**

Tube de la corolle dépourvu d'anneau de poils en dedans. *Teucrium.* **301.**

59. ÉRICACÉES.

Corolle campanulée, plus courte que le calice pétaloïde. *Calluna.* **302.**

Corolle en grelot, plus longue que le calice. *Erica.* **303.**

60. MONOTROPÉES.

Monotropa. **304.**

61. CAMPANULACÉES.

1. Corolle irrégulière, bilabiée. *Lobelia.* **310.**
Corolle n'étant pas à deux lèvres. 2

2. Capsule linéaire oblongue, prismatique. *Specularia.* **308.**
Non. 3

3. Corolle en cloche ou en roue. 5
Corolle à cinq divisions linéaires, d'abord cohérentes au sommet, puis étalées. 4

4. Anthères soudées; stigmates dressés. *Jasione*. **305**.
   Anthères libres; stigmates roulés en dehors. *Phyteuma*. **306**.

5. Capsule s'ouvrant latéralement par des trous. *Campanula*. **307**.
   Capsule s'ouvrant au sommet par trois valves; tige
   filiforme. *Wahlenbergia*. **309**.

62. VALÉRIANÉES.

1. Une étamine; fleur éperonnée. *Centranthus*. **312**.
   Plus d'une étamine; plantes quelquefois dioïques. .　2

2. Fruit couronné par une aigrette plumeuse. *Valeriana*. **311**.
   Point d'aigrette sur le fruit. *Valerianella*. **313**.

63. DIPSACÉES.

Paillettes du réceptacle épineuses et saillantes. *Dip-
sacus*. **314**.
Paillettes non épineuses ni saillantes. *Scabiosa*. **316**.
Des soies au lieu de paillettes. *Knautia*. **315**.

64. COMPOSÉES.

1. Fleurs paraissant avant les feuilles. . . . .　2
   Fleurs paraissant après les feuilles. . . . .　3

2. Calathides jaunes, solitaires et terminales. *Tussi-
   lago.* **318.**
   Calathides blanches ou rosées, nombreuses, en
   thyrse. *Petasites.* **319.**

3. Feuilles opposées. . . , ...   4
   Feuilles alternes ou radicales.   5

4. Fleurs roses. *Eupatorium.* **317.**
   Fleurs jaunes. *Bidens.* **327.**

5. Fleurs toutes en languette plane (demi-fleurons). .   6
   Fleurs du centre tubuleuses (fleurons), celles de la
   circonférence rayonnantes, en languette plane. .   25
   Fleurs toutes tubuleuses, sans rayons ou à rayons
   souvent peu apparents.   37

6. Akènes, au moins ceux du disque, couronnés par
   une aigrette de poils soyeux.   7
   Aigrette nulle ou réduite à une membrane coroni-
   forme plus courte que l'akène.   22

7. Aigrette à poils plumeux.   8
   Poils de l'aigrette non plumeux.   15

8. Réceptacle garni d'écailles caduques. *Hypochœ-
   ris.* **364.**
   Réceptacle dépourvu d'écailles.   9

9. Péricline entouré de trois-cinq folioles ovales-acuminées, en cœur à la base, très-rudes. *Helminthia.* **360.**
   Non.   10

17. Bec de l'akène naissant au centre de cinq dents
　　　spiniformes ; calathides sessiles, disposées le long
　　　des rameaux et à leur sommet. *Chondrilla*. **366.**
　　Non. 18

18. Akènes comprimés, plans-convexes. 19
　　Akènes non comprimés. 20

19. Aigrette sessile. *Sonchus*. **368.**
　　Akènes brusquement contractés en un bec capillaire.
　　　Lactuca. **367.**

20. Réceptacle hérissé de poils nombreux dépassant les
　　　akènes ; plante toute couverte d'un duvet mou,
　　　floconneux, d'un blanc jaunâtre. *Andryala*. **371.**
　　Non. 21

21. Akènes amincis au sommet ou atténués en bec ;
　　　aigrette blanche. *Crepis*. **369.**
　　Akènes subcylindriques et dépourvus de bec au
　　　sommet ; aigrette rousse. *Hieracium*. **370.**

22. Fleurs bleues ou blanches. 23
　　Fleurs jaunes. 24

23. Péricline à folioles écailleuses-nacrées ; fleurs soli-
　　　taires sur de longs pédoncules. *Catananche*. **356.**
　　Involucre herbacé ; fleurs axillaires ou terminales,
　　　sessiles. *Cichorium*. **355.**

24. Tige rameuse, feuillée ; pédoncules non renflés.
　　　Lampsana. **353.**
　　Feuilles toutes radicales ; pédoncules renflés au
　　　sommet. *Arnoseris*. **354.**

25. Réceptacle muni d'écailles ou de paillettes. 26
Réceptacle nu. 27

26. Fleurs du centre jaunes; celles des rayons blan-
ches. *Anthemis*. **334**.
Fleurs d'une même couleur, blanches ou rosées.
Achillœa. **333**.

27. Akènes nus ou couronnés par une membrane. . . . 28
Akènes, au moins ceux du centre, couronnés par
une aigrette soyeuse. 32

28. Réceptacle s'allongeant en cône à la maturité. . . . 29
Réceptacle plan-convexe. 30

29. Feuilles spathulées, en rosette; hampe uniflore;
réceptacle creux. *Bellis*. **321**.
Feuilles découpées en lanières fines; fleurs en panicule; réceptacle plein. *Matricaria*. **335**.

30. Akènes courbés en arc et terminés en bec, ou roulés
en cercle et tronqués, portant des pointes sur le
dos. *Calendula*. **340**.
Non. 31

31. Fleurs entièrement jaunes. *Chrysanthemum*. **337**.
Fleurs de la circonférence blanches. *Leucanthemum*. **336**.

32. Akènes de la circonférence dépourvus d'aigrette.
Doronicum. **338**.
Tous les akènes pourvus d'aigrette. 33

33. Folioles du péricline disposées sur deux rangs
    égaux.   34
    Folioles du péricline disposées sur deux rangs , les
    extérieures beaucoup plus courtes, simulant un
    calicule. *Senecio*. **339**.

34. Demi-fleurons filiformes, blanchâtres ou violacés ;
    fleurons du centre jaunes. *Erigeron*. **322**.
    Fleurs toutes de même couleur.   35

35. Cinq-six demi-fleurons à chaque calathide. *Soli-
    dago*. **323**.
    Dix demi-fleurons au moins.   36

36. Aigrette formée de poils disposés sur un seul rang.
    Inula. **325**.
    Aigrette formée de poils disposés sur deux rangs,
    l'extérieur très - court, coroniforme. *Pulica-
    ria*. **326**.

37. Akènes couronnés par une aigrette de poils.   38
    Akènes dépourvus d'aigrette ou couronnés par une
    membrane, ou par des paillettes, ou par des dents
    en forme d'arêtes.   61

38. Poils de l'aigrette rameux ou plumeux.   39
    Poils de l'aigrette simples..   42

39. Ecailles intérieures du péricline grandes, sca-
    rieuses, étalées en forme de rayons. *Carlina*. **346**.
    Ecailles intérieures du péricline non étalées en
    forme de rayons..   40

40. Fleurs jaunes.   54
    Fleurs jamais jaunes.   41

41. Réceptacle à alvéoles bordées d'une membrane den-
    tée ; akènes striés transversalement ; poils de
    l'aigrette très - brièvement plumeux. *Onopor-
    don*. **344**.
    Réceptacle muni de paillettes sétacées ; akènes
    lisses ; poils de l'aigrette longuement plumeux.
    Cirsium. **341**.

42. Ecailles du péricline aiguës, recourbées en crochet
    au sommet et accrochantes. *Lappa*. **345**.
    Non.   43

43. Calathides ou feuilles épineuses.   44
    Plante non épineuse.   48

44. Fleurs jaunes. *Kentrophyllum*. **349**.
    Fleurs n'étant pas jaunes.   45

45. Feuilles grandes, blanches-aranéeuses.   41
    Feuilles vertes.   46

46. Ecailles du péricline munies d'un appendice fo-
    liacé ou scarieux, quelquefois pectiné.   47
    Ecailles du péricline non appendiculées-foliacées.
    Carduus. **342**.

47. Appendice des écailles intérieures scarieux au
    sommet ; akènes tétragones. *Carduncellus*. **348**.
    Appendice fortement épineux ; akènes obovés. *Si-
    lybum*. **343**.

48. Réceptacle garni de paillettes. . , ...   49
     Paillettes nulles sur le réceptacle.   52

49. Akènes à ombilic latéral. *Centaurea.* **350.**
     Ombilic placé à la base de l'akène.   50

50. Plante le plus souvent sans tige apparente , d'un
     vert pâle; fleurs ordinairement bleues.   47
     Plante munie d'une tige apparente; fleurs purpu-
     rines, rarement blanches.   51

51. Akènes glabres, tous pourvus d'aigrette. *Serra-*
     tula. **347.**
     Akènes pubescents, ceux de la circonférence dé-
     pourvus d'aigrette. *Crupina.* **351.**

52. Fleurs jaunes.   53
     Fleurs rouges ou blanchâtres.   57

53. Ecailles du péricline herbacées   54
     Ecailles du péricline membraneuses et colorées. .   58

54. Feuilles étroitement linéaires et entières. *Lynosi-*
     ris. **320.**
     Feuilles plus ou moins élargies.   55

55. Péricline muni à la base de quelques écailles courtes,
     en forme de calicule, les autres souvent maculées
     de noir au sommet. *Senecio.* **339.**
     Péricline dépourvu à la base d'écailles en forme
     de calicule..   56

56. Plante visqueuse au moins au sommet; écailles extérieures du péricline réfléchies à leur extrémité
supérieure. *Inula*. **325**.
Plante non visqueuse ; écailles jamais réfléchies.
Pulicaria. **326**.

57. Feuilles élargies, le plus souvent à trois-cinq lobes
lancéolés, acuminés, dentés. *Eupatorium*. **317**.
Feuilles étroites, simples, entières. 58

58. Ecailles intérieures du péricline plus longues et
imitant des rayons colorés, roses. *Xeranthemum*. **352**.
Non. 59

59. Fleurs d'un beau jaune doré. *Helichrysum*. **330**.
Non. 60

60. Capitules anguleux, coniques et pointus; fleurons
extérieurs entremêlés aux écailles intérieures du
péricline. *Filago*. **328**.
Capitules hémisphériques ou cylindriques, obtus;
point de demi-fleurons mêlés aux écailles du péricline. *Gnaphalium*. **329**.

61. Ecailles du péricline munies au sommet d'un appendice pectiné ou scarieux-lacéré, quelquefois
épineux. 49
Ecailles du péricline non appendiculées. 62

62. Capitules petits, sessiles à l'aisselle des feuilles et enveloppés dans un duvet épais, blanc. *Micropus*. **324**.
Capitules terminaux, non enveloppés d'un duvet blanc abondant. 63

63. Fleurs plus ou moins pédicel'ées sur le réceptacle, bleues, rarement blanches. *Jasione*. **305**.
Fleurs tout-à-fait sessiles sur le réceptacle, jamais bleues. 64

64. Ecailles intérieures du péricline allongées en forme de rayons colorés. *Xeranthemum*. **352**.
Non. 65

65. Fleurs d'un beau jaune, en corymbe plan. *Tanacetum*. **332**.
Fleurs verdâtres, en grappes ou en épis paniculés. *Artemisia*. **331**.

65. AMBROSIACÉES.

Xanthium. **372**.

66. PRIMULACÉES.

1. Plante aquatique; feuilles pennatifides à divisions filiformes. *Hottonia*. **378**.
Non. 2

2. Capsule s'ouvrant circulairement. 3
Capsule s'ouvrant par des valves. 4

3. Corolle plus courte que le calice. *Centunculus*. **375**.
Corolle à tube nul, dépassant le calice. *Anagallis*. **374**.

4. Ovaire en partie visible sous la fleur. *Samolus*. **380**.
Ovaire contenu dans la fleur.   5

5. Corolle à cinq divisions déjetées sur le pédoncule. *Cyclamen*. **379**.
Corolle à divisions étalées ou dressées.   6

6. Feuilles opposées, ternées, rarement quaternées.
Lysimachia. **373**.
Feuilles toutes radicales; quelquefois un involucre fo-
liacé sous les fleurs.   7

7. Corolle plus courte que le calice accrescent. *Androsace*. **376**.
Corolle bien plus longue que le calice non accrescent. *Primula*. **377**.

67. LENTIBULARIÉES.

Utricularia. **381**.

68. PLANTAGINÉES.

Fleurs hermaphrodites en têtes ou en épis serrés.
Plantago. **382**.
Fleurs monoïques, les mâles solitaires à l'extrémité
du pédoncule. *Littorella*. **383**.

69. CHÉNOPODÉES.

1. Fleurs accompagnées de bractées.   2
   Fleurs dépourvues de bractées.   4

2. Feuilles linéaires, subulées, sessiles. *Polycnemum.* **386.**
   Feuilles à limbe élargi, pétiolées.   3

3. Fruit indéhiscent. *Euxolus.* **384.**
   Fruit se déchirant circulairement vers le milieu. *Amaranthus.* **385.**

4. Périgone devenant charnu, coloré. *Blitum.* **389.**
   Non.   5

5. Fleurs polygames ou monoïques; divisions de la fleur triangulaires, accrescentes. *Atriplex.* **387.**
   Fleurs hermaphrodites; divisions de la fleur non accrescentes. *Chenopodium.* **388.**

70. POLYGONÉES.

Fleurs à six divisions herbacées, les trois intérieures accrescentes et munies souvent sur le dos d'une granulation. *Rumex.* **390.**
Fleurs à trois-cinq divisions, ordinairement colorées et presque égales. *Polygonum.* **391.**

71. LORANTHACÉES.

Fruit bacciforme; plante parasite sur les arbres. *Viscum.* **392.**
Fruit sec; plante couchée sur la terre. *Thesium.* **393.**

72. BÉTULACÉES.

Ecailles fructifères membraneuses, caduques; feuilles acuminées. *Betula.* **394.**

Ecailles fructifères ligneuses, persistantes; feuilles obtuses ou tronquées au sommet. *Alnus.* **395.**

73. CORYLÉES.

Anthères terminées par un poil; fruit membraneux enveloppé dans un involucre trilobé. *Carpinus.* **397.**

Anthères dépourvues de poil; fruit osseux dans un involucre irrégulièrement déchiqueté au sommet. *Corylus.* **396.**

74. QUERCINÉES.

1. Fruit inséré, par sa base seulement, dans une cupule. *Quercus.* **398.**

Fruit inclus dans un involucre en forme de capsule. 2

2. Chatons mâles globuleux: feuilles ovales, entières. *Fagus.* **399.**

Chatons mâles allongés, linéaires; feuilles oblongues, dentées. *Castanea.* **400.**

75. ARTOCARPÉES.

Ficus. **401.**

76. ULMACÉES.

Ulmus. **402.**

77. CONIFÈRES.

Juniperus. **403.**

MONOCOTYLÉDONES.

—

78. ALISMACÉES.

1. Fleurs monoïques; feuilles en fer de flèche. *Sagittaria*. **406**.
   Fleurs hermaphrodites; feuilles non en fer de flèche.   2

2. Fruit composé ordinairement de six-huit carpelles
   étalés en étoile. *Damasonium*. **405**.
   Fruits non rayonnants en étoile. *Alisma*. **404**.

79. BUTOMÉES.

Butomus. **407**.

80. NAIADÉES.

1. Fleurs hermaphrodites, en épi. *Potamogeton*. **408**.
   Fleurs unisexuelles, axillaires.   2

2. Feuilles linéaires, ondulées, dentées; deux-huit ovaires. *Naias*. **409**.

Feuilles filiformes, ni ondulées, ni dentées; un seul ovaire. *Zanichellia*. **410**.

81. JONCAGINÉES.

Triglochin. **411**.

82. HYDROCHARIDÉES.

Hydrocharis. **412**.

83. IRIDÉES.

Stigmates pétaloïdes; fleurs jaunes ou bleues. *Iris*. **413**.

Stigmates non pétaloïdes; fleurs roses. *Gladiolus*. **414**.

84. COLCHICACÉES.

Colchicum. **415**.

85. AMARYLLIDÉES.

Narcissus. **416**.

86. ORCHIDÉES.

1. Racines entièrement fibreuses. 2
   Racines tuberculeuses avec quelques fibres. 6

2. Plante munie de vraies feuilles. 3
   Feuilles remplacées par des écailles. 5

3. Deux larges feuilles ovales-arrondies, opposées sur
la tige. *Listera.* **419.**
Point de feuilles opposées. . . . .　　4

4. Ovaire contourné. *Cephalanthera.* **420.**
Ovaire non contourné. *Epipactis.* **418.**

5. Ecailles et fleurs violacées. *Limodorum.* **422.**
Ecailles et fleurs roussâtres. *Neottia.* **421.**

6. Fleurs disposées en spirale autour de la tige. *Spiranthes.* **417.**
Non. . . . .　　7

7. Labelle à trois lobes linéaires, le moyen très-long,
enroulé en tire-bouchon pendant l'anthèse. *Hy-
manthoglossum.* **428.**
Non. . . . .　　8

8. Ovaire non contourné. . . . .　　9
Ovaire contourné. 10

9. Divisions externes du périgone conniventes en
casque. *Serapias.* **431.**
Divisions externes du périgone étalées. *Ophrys.* **430.**

10. Labelle non éperonné, trilobé, à lobes latéraux filiformes, le moyen plus long, bipartit. *Aceras.* **429.**
Labelle muni d'un éperon ou d'un sac à la base. . . 11

11. Labelle denté, découpé ou lobé. 12
Labelle linéaire-oblong, entier; fleurs blanchâtres.
Platanthera. **426.**

12. Eperon très-court, renflé en forme de sac; fleurs
    verdâtres. *Habenaria*. **427**.
    Eperon allongé. 13

13. Labelle muni à la base de deux petites cornes ver-
    ticales. *Anacamptis*. **425**.
    Non. 14

14. Eperon grêle, subulé, arqué. *Gymnadenia*. **424**.
    Eperon gros, obtus. *Orchis*. **423**.

87. DIOSCORÉES.

Tamus. **432**.

88. LILIACÉES.

1. Racine bulbeuse. 2
   Racine fibreuse ou tuberculeuse-fasciculée. 9

2. Stigmate sessile; fleur solitaire. *Tulipa*. **433**.
   Style allongé. 3

3. Divisions de la fleur pourvues vers la base d'une
   fossette nectarifère. *Fritillaria*. **434**.
   Non. 4

4. Fleurs en sertule ou en tête, renfermées, avant leur
   développement, dans une spathe à deux feuillets
   souvent très-inégaux. *Allium*. **436**.
   Non. 5

5. Divisions de la fleur libres, étalées en étoiles. . . .   6
   Divisions de la fleur en grelot, ou soudées en tube
   à la base.   8

6. Anthères fixées par le dos.   7
   Anthères fixées par la base; fleurs jaunes, verdâtres
   en dehors. *Gagea*. **438**.

7. Filets des étamines filiformes. *Scilla*. **435**.
   Filets des étamines élargis, brusquement acuminés
   au sommet. *Ornithogalum*. **487**.

8. Divisions de la fleur soudées en tube à la base, un
   peu étalées au sommet. *Agraphis*. **439**.
   Fleurs en grelot muni de dents au sommet. *Mus-
   cari*. **440**.

9. Fleurs naissant sur un rameau aplati, épineux au
   sommet. *Ruscus*. **446**.
   Non.   10

10. Feuilles filiformes, en touffes le long des rameaux.
    Asparagus. **445**.
    Feuilles ni filiformes, ni en faisceaux.   11

11. Fleurs globuleuses à six dents, très-blanches et à
    odeur suave. *Convallaria*. **444**.
    Fleurs en tube, ou étalées en étoile.   12

12. Feuilles ovales, alternes sur la tige. *Polygona-
    tum*. **443**.
    Feuilles linéaires, toutes radicales.   13

13. Racines fibreuses. *Simethis*. **441**.
Racines tuberculeuses-fasciculées ; fleurs en thyrse.
Asphodelus. **442**.

89. JONCÉES.

Capsule à trois loges ; graines nombreuses. *Juncus*. **447**.
Capsule à une loge, à trois graines ; plantes ordinairement poilues. *Luzula*. **448**.

90. TYPHACÉES.

Fruits en épi cylindrique, plus ou moins allongé. *Typha*. **449**.
Fruits en capitules globuleux. *Sparganium*. **450**.

91. LEMNACÉES.

Lemna. **451**.

92. AROIDÉES.

Arum. **452**.

93. CYPÉRACÉES.

1. Fleurs unisexuelles. *Carex*. **459**.
Fleurs hermaphrodites. 2

2. Ecailles florales distiques. 3
Ecailles florales imbriquées en tous sens. 4

3. Bractées longues, foliacées. *Cyperus.* **453.**
   Bractées largement scarieuses, au moins à la base.
   Schœnus. **454.**

4. Soies hypogynes nombreuses, laineuses, longuement
   exertes après la floraison. *Eriophorum.* **458.**
   Non.   5

5. Toutes les écailles florales égales, ou les inférieures
   plus grandes.   6
   Ecailles florales inférieures plus petites. *Cladium.* **455.**

6. Style filiforme ; tige portant un ou plusieurs épillets.
   Scirpus. **457.**
   Style articulé, renflé à la base ; un seul épillet ter-
   minal. *Heleocharis.* **456.**

94. GRAMINÉES.

1. Plusieurs épillets réunis en épis linéaires, disposés
   en forme de rayons d'ombelle.   2
   Non.   4

2. Epillets munis de poils soyeux abondants. *Andro-*
   pogon. **472.**
   Non.   3

3. Racine fibreuse. *Digitaria.* **471.**
   Racine rampante. *Cynodon.* **470.**

4. Epillets disposés en épi unilatéral et munis à leur
   base d'un appendice herbacé, pectiné. *Cynosu-*
   rus. **496.**
   Non.   5

5. Epillets disposés en épi cylindrique hérissé de soies
   longues et rudes, naissant à la base des épillets.
   Setaria. **468**.
   Non.   6

6. Epillets disposés en tête compacte, globuleuse, hérissée d'épines divariquées. *Echinaria.* **467**.
   Non.   7

7. Epillets contenant une seule fleur hermaphrodite,
   fertile, accompagnée quelquefois de fleurs mâles,
   neutres ou rudimentaires, stériles.   8
   Epillets composés de deux ou plusieurs fleurs her-
   maph.odites, fertiles; rarement des fleurs stériles.   30

8. Epillets dépourvus de glumes.   9
   Epillets pourvus au moins d'une glume et de glumelles.   11

9. Epillets disposés en panicule.   10
   Epillets solitaires sur les dents de l'axe et formant
   un épi grêle, unilatéral. *Nardus.* **510**.

10. Chaume à nœuds velus; panicule le plus souvent
    engaînée par la feuille supérieure. *Leersia.* **460**.
    Chaume à nœuds glabres; panicule jamais engaînée.
    Panicum. **469**.

11. Epillets alternes, cachés dans des excavations de
    l'axe et formant un épi cylindrique-linéaire.
    Lepturus. **509**.

Non. 12

12. Epillets disposés en épi quelquefois linéaire. . . . 13
Epillets disposés en panicule làche ou spiciforme et
lobée. 20

13. Epi filiforme; très-petite plante souvent violacée,
croissant en touffes. *Chamagrostis.* **463**.
Epi non filiforme. 14

14. Deux étamines; une fleur hermaphrodite sans arête,
accompagnée de deux fleurs stériles munies d'une
arête sur le dos. *Anthoxanthum.* **462**.
Trois étamines. 15

15. Epillets ternés sur chaque dent de l'axe, les latéraux
ordinairement stériles, formant un épi comprimé,
longuement aristé. *Hordeum.* **501**.
Epillets non ternés, ni en épi comprimé, ni longuement aristé. 16

16. Epillets subulés, renflés-globuleux à la base. . . . 23
Epillets non renflés-globuleux à la base. 17

17. Epillets munis à la base de poils mous, blanchâtres,
presque aussi longs que la glume. 22
Epillets dépourvus à la base de longs poils blanchâtres. 18

18. Glumelle unique, aristée au-dessus de la base.
Alopecurus. **466**.
Deux glumelles; arête dorsale nulle. 19

19. Glumes inégales; chaumes couchés. *Crypsis.* **464.**
Glumes égales; chaumes dressés. *Phleum.* **465.**

20. Glumes égales ou presque égales.   21
Glumes très-inégales, l'inférieure souvent de moitié
plus courte que la supérieure.   28

21. Glumelles coriaces, luisantes, adhérentes au caryopse. *Milium.* **477.**
Glumelles se séparant du caryopse.   22

22. Plante robuste; fleurs munies à leur base de poils
blanchâtres très-longs. *Calamagrostis.* **474.**
Non.   23

23. Epillets renflés-globuleux à la base; glumes acu-
minées - sétacées, plus longues que les fleurs.
Gastridium. **476.**
Non.   24

24. Ligule opposée à la feuille et brusquement prolongée en un appendice étroit, plus long qu'elle-
même; panicule très - lâche, appauvrie. *Melica.* **491.**
Non.   25

25. Epillets renfermant une fleur hermaphrodite, ordinairement mutique, et une fleur mâle aristée. .   26
Epillets ne renfermant point de fleur mâle.   27

26. Fleur supérieure mâle. *Holcus.* **484.**
Fleur supérieure hermaphrodite. *Arrhenathe-rum.* **482.**

27. Glumelle inférieure aiguë, entière; plante robuste. *Phalaris.* **461.**
Glumelle inférieure tronquée ou dentée au sommet; plante ordinairement grêle. *Agrostis.* **475.**

28. Fleurs munies sur le dos d'une arête tordue-genouillée. 26
Point d'arête tordue-genouillée sur le dos de la fleur. 29

29. Deux étamines; une ligule. 14
Trois étamines; ligule remplacée par une tache brune ou roussâtre. . , ... 10

30. Axe de l'épi creusé et muni d'une dent pour recevoir l'insertion de l'épillet sessile ou presque sessile. 31
Non. 38

31. Glume fortement nerviée, tronquée et munie au sommet de plusieurs longues arêtes. *OEgilops.* **503.**
Non. 32

32. Un seul épillet sur chaque dent de l'axe. 33
Au moins deux épillets sur chaque dent de l'axe. *Elymus.* **502.**

33. Epillets appliqués par le côté contre l'axe floral;
ordinairement une seule glume aux épillets latéraux. *Lolium*. **506**.
Epillets appliqués par leur face. 34

34. Glumelle inférieure portant sur le dos une arète genouillée. *Gaudinia*. **507**.
Non. 35

35. Glumelle supérieure bidentée ou bifide au sommet. 36
Glumelle supérieure entière ou tronquée. 37

36. Glumes des épillets latéraux très-inégales ; celles
des épillets terminaux presque égales ; plante de
quatre à six décimètres. *Festuca*. **498**.
Glumes peu inégales ; plante de un-trois décimètres.
Nardurus. **508**.

37. Chaumes velus aux nœuds. *Brachypodium*. **505**.
Chaumes glabres aux nœuds. *Triticum*. **504**.

38. Glumelle inférieure munie d'une arète vers le milieu
du dos ou à sa base. 39
Glumelle inférieure mutique, ou munie d'une arète
terminale ou insérée un peu au-dessous du sommet. 44

39. Arète terminée en massue; plante glauque. *Cory-
nephorus*. **478**.
Arète subulée. 40

40. Arète insérée à la base ou presque à la base de la
glumelle inférieure. 41
Arète insérée vers le milieu du dos de la glumelle. 43

41. Glumelle inférieure membraneuse, finement bicus-
pidée. 63
Glumelle inférieure coriace, bifide. 42

42. Epillets en panicule. *Avena*. **481**.
Epillets sessiles appliqués contre l'axe. *Gaudinia*. **502**.

43. Glumelle inférieure bi-tridentée au sommet; arête
tordue à sa base. *Aira*. **479**.
Glumelle inférieure 4-5 dentée au sommet; arête
effilée, droite. *Deschampsia*. **480**.

44. Arête insérée immédiatement au-dessous du sommet
de la glumelle inférieure. 45
Arête terminale ou nulle. 46

45. Glumelle inférieure fusiforme - subulée, carénée;
glumelle supérieure acuminée. *Bromus*. **499**.
Glumelle inférieure oblongue ou elliptique, demi-
cylindrique, un peu ventrue, arrondie sur le
dos, obtuse au sommet; glumelle supérieure
obtuse. *Serrafalcus*. **500**.

46. Feuilles larges d'au moins deux centimètres; panicule très - ample, violette; fleurs longuement
barbues à la base. *Phragmites*. **473**.
Non. 47

47. Glumelle inférieure longuement barbue tout autour.
Melica. **491**.
Non. 48

48. Epillets réunis en paquets denses, tournés du même
    côté et formant une panicule lobée, irrégulière.
    Dactylis. **493.**
    Non   49

49. Glumelle inférieure terminée par trois dents; glumes
    égales, concaves, embrassant étroitement les
    fleurs; panicule spiciforme, peu fournie, presque
    simple. *Danthonia*. **495.**
    Non.   50

50. Epillets disposés en panicule courte, lobulée, spici-
    forme. *Kœleria*. **485.**
    Epillets en panicule plus ou moins lâche, ou en épi
    linéaire, distique.   51

51. Epillets contenant deux fleurs fertiles.   52
    Epillets contenant plus de deux fleurs fertiles. . . .   55

52. Plante aquatique; fleur inférieure sessile, la supé-
    rieure stipitée. *Catabrosa*. **486.**
    Non.   53

53. Glumelle inférieure carénée. *Poa*. **488.**
    Glumelle inférieure arrondie sur le dos.   54

54. Un seul nœud près de la base du chaume longuement
    nu au sommet; étamines bleues. *Molinia*. **494.**
    Chaume n'étant pas longuement nu au sommet.
    Festuca. **498.**

62. Glumelle inférieure aristée ou mucronée; plante à
     nœuds ordinairement velus, et dépassant quinze
     centimètres. *Brachypodium.* **505.**
     Glumelle inférieure obtuse ou subaiguë; plante de
     cinq-quinze centimètres, à nœuds glabres. *Scle-
     ropoa.* **492.**

63. Epillets ayant au moins un centimètre de lon-
     gueur, penchés ou pendants surtout à la maturité.
     Avena. **481.**
     Epillets n'ayant pas un centimètre de longueur,
     dressés, jamais pendants. *Trisetum* **483.**

95. FOUGÈRES.

1. Fructifications portées sur la surface inférieure de la
    fronde, soit sur le limbe, soit sur le pourtour. .   2
    Fructifications en épi simple ou en grappe paniculée,
    distincte de la fronde.   11

2. Fructifications mêlées à des écailles ou à des poils
    roussâtres qui cachent le limbe de la fronde. *Cete-
    rach.* **513.**
    Ecailles et poils nuls ou très-rares sur la fronde. . .   3

3. Fructifications recouvertes dans leur jeunesse par
    une membrane mince ou par un repli du bord de
    la feuille.   4
    Fructifications toujours nues, en groupes arrondis.
    Polypodium. **514.**

un pli ou sillon qui va du centre à la circonférence. *Polystichum.* **516.**
Tégument attaché par un de ses bords. *Athyrium.* **517.**

11. Fronde entière; fructifications en épi simple. *Ophioglossum.* **511.**
Fronde découpée en lobes nombreux; fructifications
en panicule. *Osmunda.* **512.**

96. EQUISÉTACÉES.

Equisetum. **523.**

97. MARSILÉACÉES.

Pilularia. **524.**

98. CHARACÉES.

Tiges lisses, flexibles; verticilles nus à leur base.
Nitella. **525.**
Tiges ordinairement rudes; verticilles munis d'un
involucre à leur base. *Chara.* **526.**

ANALYSE DES ESPÈCES.

—

DICOTYLÉDONES.

—

1. AQUILEGIA [Ancolie].

Fleurs bleues; plante vivace. *A. vulgaris* L. (A.
commune). Prés, haies, bois. ♃ Mai-juin.

2. DELPHINIUM [Dauphinelle].

1. Pétales soudés en un seul ; une seule capsule. . . .   2
   Pétales libres ; trois capsules. *D. cardiopetalum* DC.
   (D. à pétales en cœur). Moissons calcaires. ① Juil-
   let-septembre.

2. Capsule glabre. *D. Consolida* L. (D. Consoude).
   Moissons calcaires. ① Juin-septembre.
   Capsule pubescente. *D. Ajacis* L. (D. d'Ajax). Mois-
   sons. ① Juin-septembre.

6*

3. NIGELLA [Nigelle].

Capsules 5-7, soudées dans les trois-quarts inférieurs. *N. arvensis* L. (N. des champs). Moissons calcaires. ① Juin-septembre.

Capsules 8-10, soudées jusqu'au sommet. *N. gallica* Jord. (N. de France). Moissons calcaires. ① Juillet-août.

4. ISOPYRUM [Isopyre].

Fleurs d'un beau blanc. *I. thalictroïdes* L. (I. Pigamon). Bois, lieux couverts et frais. ♃ Avril.

5. HELLEBORUS [Ellébore].

Tige nue jusqu'aux rameaux. *H. viridis* L. (E. vert). Lieux pierreux, bois. ♃ Mars-avril.

Tige feuillée sous les rameaux. *H. fœtidus* L. (E. fétide). Lieux pierreux calcaires. ♃ Février-mai.

6. CALTHA [Populage].

Feuilles grandes, suborbiculaires ou réniformes. *C. palustris* L. (P. des marais). Prés humides. ♃ Mars-mai.

7. ANEMONE [Anémone].

Carpelles à pointe longuement plumeuse; fleurs violettes. *A. Pulsatilla* L. (A. Pulsatille). Pelouses et taillis secs. ♃ Mai-juillet.

Carpelles terminés en bec court, glabre; fleurs blanches ou rosées. *A. nemorosa* L. (A. des bois). Bois et prés couverts. ♃ Mars-avril.

8. THALICTRUM [Pigamon].

1. Etamines pendantes. *T. montanum* Wallr. (P. de montagne). Coteaux secs, buissons. ♃ Mai-juillet.
Etamines dressées. 2

2. Feuilles inférieures à lobes courts, larges, obtus. *T. riparium* Jord. (P. des rivages). Lieux humides. ♃ Juillet.
Feuilles inférieures à lobes linéaires-lancéolés. *T. nigricans* Jacq. (P. noirâtre). Lieux humides. ♃ Juin-juillet.

9. CLEMATIS [Clématite].

Tige sarmenteuse. *C. Vitalba* L. (C. des haies). Haies, buissons. ♃ Juillet-septembre.

10. ADONIS [Adonide].

1. Sépales glabres ; carpelles en épi dense. 2
Sépales velus ; carpelles en épi allongé, un peu lâche. *A. flammea* Jacq. (A. couleur de feu). Moissons calcaires. ① Juin-août.

2. Pétales concaves, connivents ; carpelles dépourvus de dent au bord supérieur. *A. autumnalis* L. (A. d'automne). Moissons calcaires. ① Mai-août.
Pétales plans, étalés ; carpelles à bord supérieur

pourvu d'une dent. *A. œstivalis* **L.** (A. d'été).
Champs calcaires. ① Mai-juillet.

11. MYOSURUS [Ratoncule].

Feuilles linéaires. *M. minimus* **L.** (R. naine). Champs
humides. ① Avril-juin.

12. FICARIA [Ficaire].

Feuilles élargies cordiformes. *F. ranunculoïdes*
Mœnch. (F. renoncule). Haies, fossés, champs
humides. ♃ Mars-mai.

13. RANUNCULUS [Renoncule].

1. Fleurs blanches.   **2**
   Fleurs jaunes **11**

2. Pétales à onglet jaune. **3**
   Pétales entièrement blancs. *R. ololeucos* Lloyd.
      (R. blanche). Ruisseaux, fossés, étangs. ① Mai-
      juin.

3. Pétales aussi longs ou à peine plus longs que le
      calice. **4**
   Pétales au moins une fois plus longs que le calice. .   **6**

4. Feuilles toutes réniformes. **5**
   Feuilles inférieures à lobes capillaires. *R. tripar-*
      titus DC. (R. tripartite). Eaux tranquilles. ①
      Avril-juin.

5. Feuilles à lobes courts, entiers, arrondis. *R. he-deraceus* L. (R. à feuilles de lierre). Ruisseaux, lieux humides des terrains siliceux. ♃ Mai–septembre.
Feuilles à lobes assez profonds, plus ou moins cré-nelés. *R. Lenormandi* Schultz. (R. de Lenor-mand). Eaux ombragées. ♃ Mai–septembre.

6. Feuilles toutes réniformes.   5
Feuilles supérieures seules réniformes-lobées. *R. aquatilis* L. (R. aquatique). Fossés, mares, ruis-seaux. ♃ Avril-juillet.
Feuilles toutes à lobes capillaires ou linéaires. . .   7

7. Pédoncules dépassant beaucoup les feuilles à lanières courtes, raides, disposées en cercle, ne se réunis-sant point en pinceau hors de l'eau. *R. divari-catus* Schrank. (R. divariquée). Eaux tranquilles. ♃ Juin-septembre.
Pédoncules dépassant peu les feuilles à lanières molles et divergentes en tous sens, au moins les inférieures.   8

8. Réceptacle nu. *R. fluitans* Lam. (R. flottante). Eaux courantes, rivières. ♃ Mai-septembre.
Réceptacle velu.   9

9. Pédoncules grêles non atténués au sommet ; pétales une fois plus longs que le calice. *R. trichophyllus*

Chaix. (R. à feuilles capillaires). Eaux stagnantes.
♃ Mars-juin.
Pédoncules épais, atténués au sommet. 10

10. Pédoncules courts ; feuilles flottantes découpées en
segments étroits, contigus, rayonnants sur le
même plan. *R. radians* Revel. (R. rayonnante).
Eaux paisibles. ① Mai-juin.
Pédoncules allongés ; feuilles supérieures variables,
à segments étalés irrégulièrement. *R. aquatilis* L.
(R. aquatique). Fossés, mares, ruisseaux. ♃
Avril-juillet.

11. Feuilles entières. 12
Feuilles plus ou moins découpées ou lobées. . . . 15

12. Feuilles inférieures longuement pétiolées, en cœur
à la base. *R. ophioglossifolius* Vill. (R. à feuilles
d'ophioglosse). Lieux inondés. ① Mai-juillet.
Feuilles non en cœur. 13

13. Sépales glabres. *R. gramineus* L. (R. graminée).
Pelouses sèches. ♃ Mai-juin.
Sépales plus ou moins velus. 14

14. Pédoncules sillonnés. *R. Flammula* L. (R. flam-
mette). Fossés, pâturages humides. ♃ Mai-septembre.
Pédoncules lisses. **R. Lingua** L. (R. langue). Etangs,
lieux fangeux. ♃ Juin-août.

15. Racine grumeuse. *R. chærophyllos* L. (R. cerfeuil).
Pelouses sablonneuses. ♃ Avril-juin.
Racine fibreuse. 16

16. Carpelles pubescents. *R. auricomus* L. (R. tête
d'or). Bois, haies, lieux frais. ♃ Avril-mai.
Carpelles glabres. 17

17. Carpelles petits, très-nombreux, en tête oblongue.
R. sceleratus L. (R. scélérate). Lieux fangeux,
étangs. ① Mai-septembre.
Carpelles en tête arrondie. 18

18. Carpelles hérissés de pointes. *R. arvensis* L. (R. des
champs). Moissons. ① Mai-juillet.
Carpelles dépourvus de pointes. 19

19. Souche renflée-bulbiforme. *R. bulbosus* L. (R. bulbeuse). Prés, haies, bois. ♃ Avril-juin.
Souche non renflée en forme de bulbe 20

20. Pédoncules sillonnés. 21
Pédoncules non sillonnés. 22

21. Sépales réfléchis. *R. philonotis* Retz. (R. des mares).
Champs humides, vignes. ① Mai-septembre.
Sépales étalés. *R. nemorosus* DC. (R. des bois).
Bois. ♃ Avril-juillet.

22. Sépales réfléchis. *R. parviflorus* L. (R. à petites
fleurs). Lieux frais, haies, murs. ① Mai-juillet.
Sépales étalés. 23

23. Tige couchée, puis redressée, émettant des stolons radicants. *R. repens* L. (R. rampante). Lieux frais, prés, jardins, champs. ♃ Avril-octobre.
Tige droite, dépourvue de stolons. *R. borœanus* Jord. (R. de Boreau). Prés, pelouses. ♃ Mai-septembre.

14. BERBERIS [Epine-vinette].

Fleurs jaunes; fruits rouges. *B. vulgaris* L. (E. commune). Haies calcaires. ♃ Avril-mai.

15. NYMPHÆA. [Nénuphar].

Pétales extérieurs dépassant le calice. *N. alba* L. (N. blanc). Etangs, rivières. ♃ Juin-août.

16. NUPHAR [Nuphar].

Pétales plus courts que le calice. *N. luteum* Sm. (N. jaune). Etangs, rivières. ♃ Juin-août.

17. CHELIDONIUM. [Chélidoine].

Plante à suc jaune. *C. majus* L. (C. éclaire). Vieux murs. ♃ Mai-septembre.

18. HYPECOUM [Siliquier].

Capsule fusiforme, pendante. *H. pendulum* L. (S. penché). Champs calcaires. ① Mai-juillet.

19. PAPAVER [Pavot].

1. Capsule glabre. 2
Capsule hérissée. 5

2. Capsule arrondie à la base, ou pédoncule à poils
étalés. 3
Capsule atténuée à la base. 4

3. Pédoncules à poils étalés. *P. Rhœas* L. (P. coque-
licot). Champs, moissons. ① Mai-juillet.
Pédoncules à poils apprimés. *P. strigosum* Bœningh.
(P. rude). Champs cultivés. ① Mai-juillet.

4. Plante à suc aqueux. *P. collinum* Jord. (P. des col-
lines). Murs, terres remuées. ① Mai-septembre.
Plante à suc jaune. *P. Lecoquii* Lamot. (P. de Lecoq).
Murs, vignes calcaires. ① Mai-juillet.

5. Capsule ovale-globuleuse. *P. hybridum* L. (P. hybride). Champs pierreux et secs. ① Mai-juillet.
Capsule oblongue. 6

6. Capsule allongée en massue. *P. Argemone* L. (P. ar-
gémone). Murs, lieux cultivés. ① Avril-septembre.
Capsule courte, obovale-elliptique. *P. micranthum*
Bor. (P. à petites fleurs). Moissons. ① Mai-septembre.

20. CORYDALIS [Corydale].

Racine tubéreuse; tige non grimpante. *C. solida* Sm.
(C. bulbeuse). Haies, bords des bois. ♃ Mars-
avril.
Racine fibreuse; tige grimpante. *C. claviculata* DC.

(C. à vrilles). Rochers granitiques et schisteux. ①
Mai-septembre.

21. FUMARIA [Fumeterre].

1. Fruit à base très-élargie et débordant le sommet du
   pédicelle. *F. confusa* Jord. (F. confondue). Haies,
   lieux cultivés. ① Mai-septembre.
   Fruit à base ne débordant pas le sommet du pédicelle.   2

2. Fruit déprimé au sommet et plus large que haut. . .   3
   Fruit n'étant pas plus large que haut.   4

3. Fleurs rouges. *F. officinalis* L. (F. officinale). Lieux
   cultivés, moissons. ① Avril-octobre.
   Fleurs pâles. *F. media* Loisel. (F. intermédiaire).
   Lieux cultivés. ① Mai-juillet.

4. Sépales larges, ovales ou ovales-arrondis, atteignant
   presque ou dépassant la largeur de la corolle. . .   5
   Sépales bien plus étroits que la largeur de la corolle.   6

5. Feuilles à segments linéaires, plus ou moins canali-
   culés; fleurs en grappes serrées. *F. micrantha*
   Lag. (F. à fleurs menues). Lieux cultivés. ① Mai-
   septembre.
   Feuilles à segments oblongs ou lancéolés, plans;
   fleurs en grappe peu serrée. *F. Borœi* Jord. (F.
   de Boreau). Lieux cultivés. ① Avril-septembre.

6. Sépales linéaires, plus étroits que le pédicelle; fruit mûr obtus. *F. Vaillantii* Lois. (F. de Vaillant). Moissons calcaires. ⚲ Mai-juillet.
   Sépales ovales-aigus, plus larges que le pédicelle; fruit apiculé. *F. parviflora* Lam. (F. à petites fleurs). Lieux cultivés, terres remuées. ⚀ Juin-septembre.

22. RAPHANUS [Radis].

Fleurs veinées de jaune foncé ou de violet. *R. Raphanistrum* L. (R. raveneile). Champs, lieux cultivés. ⚀ Mai-septembre.

23. MYAGRUM [Myagre].

Feuilles glabres, glauques. *M. perfoliatum* L. (M. perfolié). Moissons, bords des champs calcaires. ⚀ Mai-juillet.

24. NESLIA [Neslie].

Feuilles velues, vertes. *N. paniculata* Desv. (N. paniculée). Moissons calcaires. ⚀ Mai-juillet.

25. CALEPINA [Calépine].

Grappe fructifère allongée, lâche. *C. Corvini* Desv. (C. de Corvinus). Champs calcaires. ⚀ Mai-juin.

26. SENEBIERA [Sénebière].

Fruit réniforme, ridé-tuberculeux. *S. Coronopus* Poiret. (S. corne de cerf). Lieux incultes, bords des chemins. ① Mai-octobre.

27. ISATIS [Pastel].

Fruit pendant. *I. tinctoria* L. (P. des teinturiers). Lieux pierreux calcaires. ② Mai-août.

28. BISCUTELLA [Lunetière].

Feuilles rudes ; rameaux étalés. *B. lœvigata* L. (L. lisse). Champs pierreux calcaires. ♃ Mai-août.

29. IBERIS [Ibéride].

Fleurs blanches ou violettes. *I. amara* L. (I. amère). Champs, moissons surtout dans le calcaire. ① Juin-septembre.

30. TEESDALIA [Téesdalie].

Pétales extérieurs dépassant le calice; style court. *T. nudicaulis* R. Br. (T. à tiges nues). Terrains sablonneux ou schisteux. ① Avril-juin.
Pétales ne dépassant pas le calice; style nul. *T. Lepidium* DC. (T. passerage). Terrains sablonneux. ① Mars-avril.

31. THLASPI [Tabouret].

Silicules grandes, ovales orbiculaires, largement ailées tout autour. *T. arvense* L. (T. des champs). Lieux cultivés. ① Avril-septembre.
Silicules en coin à la base, ailées au sommet. *T. per-*

foliatum L. (T. perfolié). Murs, champs, vignes calcaires. ① Mars-mai.

32. CAPSELLA [Capselle].

Silicule triangulaire, à bords un peu convexes; plante ordinairement verte. *C. bursa-pastoris* L. (C. bourse à pasteur). Partout. ① Toute l'année.

Silicule obcordée, à bords concaves; plante le plus souvent rougeâtre. *C. rubella* Reuter. (C. rougeâtre). Un peu partout. ① Toute l'année.

33. HUTCHINSIA [Hutchinsie].

Plante grêle, diffuse. *H. petœra* Brown. (H. des rocailles). Murs, vignes calcaires. ① Mars-mai.

34. LEPIDIUM [Passerage].

1. Silicules ovales-aiguës, entières au sommet. *L. graminifolium* L. (P. à feuilles de gramen). Murs, décombres, bords de chemins. ♃ Juin-octobre.
Silicules échancrées au sommet. 2

2. Style inclus dans l'échancrure. *L. campestre* R. Br. (P. champêtre). Champs calcaires et argilleux. ② Mai-juillet.
Style dépassant l'échancrure *L. Smithii* Hooker. (P. de Smith). Champs siliceux. ♃ Mai-juillet.

35. ALYSSUM [Alysson].

Silicules échancrées au sommet. *A. calycinum* L.

7

(A. calicinal). Lieux arides. ① Avril-juin.

Silicules orbiculaires, sans échancrure. *A. campestre*
L. (A. champêtre). Champs sablonneux ou pierreux.
① Avril-juin.

36. DRABA [Drave].

Tige feuillée, rameuse. *D. muralis* L. (D. des mu-
railles). Haies, murs. ① Avril-juin.

37. EROPHILA [Érophile].

Silicules arrondies au sommet. *E. brachycarpa* Jord.
(E. à fruits courts). Murs, champs surtout dans le
calcaire. ① Printemps.

Silicules atténuées aux deux bouts. *E. hirtella* Jord.
(E. hérissée). Lieux sablonneux. ① Printemps.

38. ARABIS [Arabette].

1. Siliques étalées. *A. thaliana* L. (A. de Thalius).
Lieux sablonneux ou pierreux, murs. ① Mars-mai.
Siliques dressées-appliquées.   2

2. Feuilles et oreillettes apprimées sur la tige. *A. Ge-*
rardi Besser. (A. de Gérard). Lieux pierreux, coteaux calcaires. ② Mai-juillet.
Feuilles et oreillettes écartées ou divergentes. *A. sa-*
gittata DC. (A. sagittée). Rochers, coteaux calcaires. ② Mai-juillet.

39. TURRITIS [Tourette].

Siliques grêles, très-longues ; plante glauque. *T. glabra* L. (T. glabre). Bois. haies, lieux sablonneux. ② mai-juillet.

40. DENTARIA [Dentaire].

Fleurs roses ; souche écailleuse. *D. bulbifera* L. (D. à bulbilles). Bois couverts. ♃ Avril-mai.

41. CARDAMINE [Cardamine].

1. Pétales petits, à limbe dressé. 2
Pétales grands, à limbe étalé, deux fois au moins plus longs que le calice. 4

2. Pétiole prolongé à la base en deux oreillettes. *C. impatiens* L. (C. impatiente). Bois frais, bords des eaux. ② Mai-juin.
Pétiole non auriculé. 3

3. Feuilles caulinaires plus longues que les radicales. *C. sylvatica* Link. (C. des bois). Lieux frais des terrains siliceux. ① Avril-juin.
Feuilles caulinaires plus courtes que les radicales. *C. hirsuta* L. (C. hérissée). Pelouses, murs, surtout dans les lieux sablonneux. ② Mai-juin.

4. Folioles ciliées ; fleurs de 20 millimètres, d'un rose

lilas. *C. pratensis* L. (C. des prés). Prés, lieux humides. ♃ Mars-mai.

Folioles glabres ; fleurs de 14 millimètres, d'un rose très-pâle ou blanches, souvent doubles. *C. udicola* Jord. (C. des marais). Lieux humides. ♃ Avriljuin.

42. HESPERIS [Julienne].

Feuilles entières, un peu rudes. *H. matronalis* L. (J .des dames). Bois, haies. ② Mai–juin.

43. CHEIRANTHUS [Giroflée].

Fleurs entièrement jaunes. *C. Cheiri* L. (G. violier). Vieux murs. ♃ Mars-mai.

44. ERYSIMUM [Vélar].

Pétales à limbe étalé ; feuilles velues. *E. cheirantoïdes* L. (V. giroflée). Lieux frais, cultures humides. ① Juin-septembre.

Pétales à limbe dressé ; plante glabre. *E. perfoliatum* Crantz. (V. perfolié). Champs cultivés, calcaires ou argileux. ① Mai-juillet.

45. BARBAREA [Barbarée].

1. Siliques étalées, au moins six fois plus longues que e pédoncule. *B. patula* Fries. (B. étalée). Lieux frais, cultures, haies, fossés. ② Avril-mai.

Siliques n'étant pas six fois plus longues que le pédoncule. 2

2. Siliques nombreuses, insensiblement acuminées, grêles, appliquées, souvent obliques.   3

Siliques peu nombreuses, brusquement apiculées, jamais appliquées, ni obliques. *B. intermedia* Bor. (B. intermédiaire). Lieux frais. ♂ Avril-juin.

3. Plante vivace; siliques obliquement dressées. *B. vulgaris* Brown. (B. commune). Lieux frais, fossés. Avril-juin.

Plante bisannuelle; siliques dressées-appliquées. *B. stricta* Fries. (B. raide). Lieux humides. Avril-juin.

46. NASTURTIUM [Cresson].

1. Fleurs blanches.   2
Fleurs jaunes.   3

2. Feuilles à 4-6 paires de segments lancéolés, à peu près égaux. *N. siifolium* Rchb. (C. à feuilles de berle). Ruisseaux limpides et profonds. ♃ Mai-septembre.

Feuilles à 3-4 paires de segments ovales, souvent inégaux. *N. officinale* R. Br. (C. officinal). Fontaines, ruisseaux. ♃ Mai-septembre.

3. Pédoncules plus courts que le fruit ou l'égalant. . .   4
Pédoncules quatre fois plus longs que le fruit.   5

4. Sépales de moitié plus courts que les pétales. *N. syl-*

vestre R. Br. (C. sauvage). Pelouses humides,
lieux mouillés en hiver. ♃ Mai-septembre.

Sépales égalant les pétales. *N. palustre* DC. (C. des
marais). Bords des eaux. ⚁ Mai-septembre.

5. Plante des lieux secs; tige grêle, dressée. *N. pyre-
naicum* R. Br. (C. des Pyrénées). Pelouses des
terrains siliceux. ① Mai-juillet.

Plante aquatique; tige grosse, creuse, ascendante.
N. amphibium R. Br. (C. amphibie). Fossés,
étangs. ♃ Mai-juillet.

47. SISYMBRIUM [Sisymbre].

1. Fleurs blanches.   2
Fleurs jaunes.   3

2. Tige dressée; feuilles élargies, dentées. *S. Alliaria*
Scop. (S. alliaire). Haies, lieux frais et couverts.
⚁ Avril-juin.

Tige couchée; feuilles moyennes pennatipartites. *S.
supinum* L. (S. couché). Lieux sablonneux, humides. ① Juin-septembre.

3. Siliques couvertes de petits tubercules. *S. asperum* L.
(S. rude). Lieux mouillés en hiver. ① Mai-juin.
Siliques lisses.   4

4. Siliques atténuées de la base au sommet, exactement
appliquées. *S. officinale* Scop. (S. officinal). Pied
des murs, décombres. ① Juin-août.
Siliques non exactement appliquées.   5

5. Plante glabre ou presque glabre. *S. Irio* L. (S. Irio).
  Murs, décombres. ② Mai-août.
  Plante couverte de poils mous. *S. Sophia* L. (S. sa-
  gesse). Lieux sablonneux, décombres. ① Mai-juin.

48. DIPLOTAXIS [Diplotaxide].

1. Sépales étalés ; siliques égalant presque les pédoncules. *D. tenuifolia* DC. (D. à feuilles menues).
  Murs, décombres. ♃ Juin-septembre.
  Sépales dressés, siliques, deux ou trois fois plus
  longues que les pédoncules.   2

2. Sépales égalant le pédoncule. *D. viminea* DC. (D.
  des vignes). Champs, lieux cultivés. ① Avril-septembre.
  Sépales de moitié moins longs que le pédoncule. *D.
  muralis* DC. (D. des murs). Champs, bords des
  chemins, dans le calcaire. ① Juin.

49. ERUCASTRUM [Erucastre].

Fleurs inférieures munies de bractées. *E. Pollichii*
Spenn. (E. de Pollich). Murs, décombres. ① Avril-
juin.

50. SINAPIS [Moutarde].

1. Feuilles supérieures sessiles.   2
  Feuilles toutes pétiolées.   3

2. Siliques gonflées, cylindriques à la maturité. *S. arvensis* L. (M. des champs). Cultures. ① Mai-octobre.

Siliques grêles, toruleuses. *S. Schkuhriana* Rchb. (M. de Schkuhr). Avec la précédente.

3. Sépales dressés; siliques étalées. *S. Cheiranthus* Koch. (M. giroflée). Lieux incultes, champs sablonneux. ② Mai-septembre.

Sépales étalés; siliques appliquées. *S. nigra* L. (M. noire). Lieux incultes, pierreux. ① Juin-septembre.

51. CAMELINA [Caméline].

Silicules tronquées au sommet. *C. dentata* Pers. (C. dentée). Champs sablonneux. ① Juin-juillet.

52. RESEDA [Réséda].

Feuilles toutes entières. *R. luteola* L. (R. Gaude). Murs, décombres, champs pierreux. ② Juin-août.
Feuilles supérieures pennatifides. *R. lutea* L. (R. jaune). Lieux incultes, champs pierreux. ② Juin-août.

53. ASTROCARPUS. [Astrocarpe].

Réceptacle pubescent; douze à quinze étamines. (*A. Clusii* Gay. (A. de Lécluse). Terrains arides, rochers schisteux. ♃ Juin-août.

54. SEDUM [Orpin].

1. Fleurs blanches ou rosées ou rouges. 2
Fleurs jaunes ou jaunâtres 9

2. Feuilles planes.   3
   Feuilles n'étant pas planes.   4

3. Souche grosse, à fibres renflées; tiges glabres. *S.
   Telephium* L. (O. reprise). Haies. ♃ Juillet-
   août.
   Racine fibreuse; tiges pubescentes. *S. Cepæa* L. (O.
   Cépéa). Haies, vieux murs, lieux pierreux. ⚀
   Juin-août.

4. Plante très-glabre.   5
   Plante pubescente, glanduleuse au sommet.   8

5. Feuilles cylindriques, allongées; pétales un peu
   obtus.   6
   Feuilles ovoïdes, courtes; pétales aigus.   7

6. Feuilles des tiges stériles serrées; plante de 15-20
   centimètres. *S. micranthum* Bast. (O. à petites
   fleurs). Murs, rochers, lieux pierreux. ♃ Juin-
   août.
   Feuilles des tiges stériles lâches; plante de 2-4 décimètres. *S. album* L. (O. blanc). Murs, rochers,
   toitures. ♃ Juin-août.

7. Des rejets stériles; plante en gazons étalés. *S. anglicum* DC. (O. d'Angleterre). Rochers des terrains granitiques. ♃ Juin-juillet.
   Tige droite, sans rejets stériles. *S. andegavense*
   Desv. (O. d'Anjou). Rochers schisteux. ⚀ Avril-
   mai.

8. Fleurs sessiles le long des rameaux. *S. rubens* L. (O. rougeâtre). Vieux murs, vignes, champs. ① Juin-juillet.

Fleurs pédicellées. *S. pentandrum* Bor. (O. à cinq étamines). Pelouses, champs sablonneux. ① Mai.

9. Feuilles aiguës. 10

Feuilles très-obtuses, mutiques. *S. acre* L. (O. acre). Murs, rochers, lieux pierreux. ♃ Juin-juillet.

10. Feuilles des rejets stériles en faisceaux obtus; celles des tiges fertiles comprimées. *S. elegans* Lej. (O. élégant). Rochers schisteux. ♃ Juin-juillet.

Feuilles des rejets stériles en faisceaux coniques; celles des tiges fertiles cylindriques. *S. reflexum* L. (O. penché). Murs, lieux pierreux. ♃ Juillet.

55. UMBILICUS [Ombilic].

Fleurs blanchâtres en grappe droite, allongée. *U. pendulinus* DC. (O. à fleurs pendantes). Murs, rochers. ♃ Mai–juin.

56. TILLÆA [Tillée].

Fleurs blanchâtres, très-petites. *T. muscosa* L. (T. Mousse). Terrains granitiques. ① Mai–juin.

57. SEMPERVIVUM [Joubarbe].

Pétales une fois plus longs que le calice, dressés,

non étalés; feuilles oblongues elliptiques. *S. tec-
torum* L. (J. des toits). Vieux murs, toits. ⚥
Juillet.
Pétales deux fois plus longs que le calice, étalés en
étoile; feuilles oblongues obovales. *S. Lamottei*
Boreau. (J. de Lamotte). Vieux murs, toits. ⚥
Juillet.

58. PARIETARIA [Pariétaire].

Fleurs campanulées ou tubuleuses. *P. diffusa* Mert.
et Koch. (P. diffuse). Vieux murs, décombres. ⚥
Juillet-septembre.

59. URTICA [Ortie].

1. Fleurs en têtes globuleuses. *U. pilulifera* L. (O. à
pilules). Pied des murs. ① Juin-septembre.
Non. 2

2. Fleurs en panicules axillaires dépassant de beaucoup
le pétiole. *U. dioïca* L. (O. dioïque). Pied des
murs, talus. ⚥ Juin-septembre.
Fleurs en épis ou en panicules axillaires plus courts
que le pétiole. *U. urens* L. (O. brûlante). Champs,
pied des murs. ① Juin-septembre.

60. HUMULUS [Houblon].

Plante dioïque longuement volubile. *H. Lupulus* L.
(H. grimpant). Haies. ⚥ Juillet-août.

61. CERATOPHYLLUM [Cératophylle].

Feuilles d'un vert sombre; fruit portant deux pointes

à sa base. *C. demersum* L. (C. nageant). Marais, eaux stagnantes. ♃ Juillet-août.

62. PASSERINA [Passérine].

Plante grêle, annuelle; feuilles éparses, linéaires. *P. annua* Spreng. (P. annuelle). Champs calcaires. ① Juin-juillet.

63. DAPHNE [Daphné].

Feuilles lancéolées, luisantes; sous-arbrisseau. *D. Laureola* L. (D. Lauréole). Bois montueux et pierreux. ♃ Février.

64. ULEX [Ajonc].

Etendard veiné de rouge; aïles plus courtes que la carène. *U. nanus* Sm. (A. nain). Landes, haies, bois. ♃ Juillet-octobre.
Etendard non veiné; ailes plus longues que la carène. *U. europæus* Sm. (A. d'Europe). Landes, haies, bois. ♃ Décembre-juin.

65. SAROTHAMNUS [Sarothamne].

Rameaux anguleux. *S. vulgaris* Wimmer. (S. commun). Haies, bois, terres incultes. ♃ Avril-juin.

66. GENISTA [Genêt].

1. Tige ailée. *G. sagittalis* L. (G. à tiges ailées). Landes, lieux secs. ♃ Juin-septembre.
   Tige non ailée. 2

2. Etendard et calice velus-soyeux. *G. pilosa* L. (G. velu). Landes, bruyères. ♃ Mai-juillet.
Etendard glabre. **3**

3. Plante épineuse. *G. anglica* L. (G. d'Angleterre). Bois, bruyères humides. ♃ Mai-juillet.
Plante sans épines. *G. tinctoria* L. (G. des teinturiers). Bois, pâturages, prés. ♃ Juin-juillet.

67. CYTISUS [Cytise].

Fleurs en tête terminale. *C. supinus* L. (C. couché). Bords des bois, landes calcaires. ♃ Juin-août.

68. ADENOCARPUS [Adénocarpe].

Arbrisseau droit à rameaux étalés. *A. complicatus* Gay. (A. plié). Bois, bruyères. ♃ Juin-juillet.

69. LUPINUS [Lupin].

Lèvre supérieure du calice tridentée. *L. reticulatus* Desv. (L. réticulé). Champs sablonneux. ① Mai-juillet.

70. ONONIS [Bugrane].

1. Corolle au moins un tiers plus longue que le calice. **2**
Corolle plus courte que le calice ou l'égalant. *O. Columnæ* All. (B. de Columna). Lieux secs calcaires. ♃ Juin-juillet.

2. Fleurs roses. **3**

Fleurs jaunes. *O. Natrix* DC. (B. gluante). Champs
arides, talus calcaires. ♃ Juin-août.

3. Tiges velues-glanduleuses; fruit plus court que le
calice. *O. procurrens* Wallr. (B. à racines rampantes). Lieux stériles. ♃ Juin-août
Tiges pubescentes; fruit égalant ou dépassant le calice; racine verticale. *O. campestris* Koch. (B. des
champs). Champs arides, bords des chemins. ♃
Juillet-août.

71. ANTHYLLIS [Anthyllide].

Tiges étalées; fleurs jaunes. *A. vulneraria* L. (A.
vulnéraire). Prés secs, pâturages, bords des bois
calcaires. ♃ Juin-juillet.
Tiges dressées; fleurs rouges ou variées. *A. Dillenii*
Schultes. (A. de Dillen). Mêmes lieux.

72. MEDICAGO. [Luzerne].

1. Fruit épineux ou tuberculeux sur les bords.   2
Fruit lisse   5

2. Fruit pubescent   3
Fruit glabre.   4

3. Pédoncule aristé. *M. minima* Lam. (L. naine). Lieux
secs, pierreux ou sablonneux. ① Mai-juillet.
Pédoncule non aristé. *M. cinerascens* Jord. (L. grisâtre). Pelouses calcaires ou sablonneuses. ①
Juin-juillet.

4. Stipules laciniées. *M. apiculata* Willd. (L. à
pointes). Moissons, lieux herbeux. ① Mai-juillet.
Stipules seulement dentées. *M. maculata* Willd. (L.
tachée). Prés, lieux herbeux. ① Mai-juillet.

5. Gousse réniforme ou courbée en faulx ou en hélice
perforée au centre. 6
Gousse orbiculaire, contournée en hélice non perforée au centre. *M. ambigua* Jord. (L. ambiguë).
Champs pierreux. ① Juin-juillet.

6. Gousse réniforme ne contenant qu'une seule graine.
M. Lupulina L. (L. Lupuline). Prés, bords des
chemins. ① ou ② Mai-octobre.
Gousse en faucille ou en spirale, à plusieurs graines. 7

7. Gousse formant un tour complet. *M. media* Pers. (L.
moyenne). Moissons, haies. ♃ Juillet-octobre.
Gousse formant au moins deux tours. *M. sativa* L.
(L. cultivée). Prés, bords des champs. ♃ Juin-
septembre.

73. MELILOTUS [Mélilot].

1. Fleurs blanches. *M. alba* Desf. (M. blanc). Champs,
lieux incultes. ② Juillet-août.
Fleurs jaunes. 2

2. Gousse glabre. *M. arvensis* Wallr. (M. des champs).
Bords des chemins, champs. ② Juin-septembre.
Gousse pubescente. *M. altissima* Thuill. (M. élevé).
Bois frais, bords des ruisseaux. ② Juillet-sep-
tembre.

74. TRIFOLIUM [Trèfle].

1. Fleurs jaunes.   2
   Fleurs rouges, ou roses, ou blanches, ou d'un blanc
   jaunâtre.   7

2. Dent inférieure du calice bien plus longue que les
   autres. *T. ochroleucum* L. (T. jaunâtre). Prés
   secs, bords des bois. ♃ Juin-juillet.
   Dents du calice à peu près égales.   3

3. Pédoncule capillaire, flexueux, portant deux à six
   fleurs. *T. filiforme* L. (T. filiforme). Pelouses sèches, sablonneuses. ① Mai-août.
   Pédoncule droit.   4

4. Fleurs nombreuses, d'un beau jaune doré. *T. pa-
   tens* Schrb. (T. étalé). Prés et pelouses humides.
   ① Mai-juin.
   Fleurs d'un jaune pâle ou peu nombreuses.   5

5. Capitules de plus de vingt fleurs.   6
   Capitules de cinq à quinze fleurs. *T. minus* Relhan.
   (T. nain). Prés, pelouses sèches. ① Mai-juillet.

6. Capitules ovoïdes d'un jaune clair; pédoncules plus
   courts que la feuille ou la dépassant à peine. *T.
   procumbens* L. (T. tombant). Champs et bois. ①
   Mai-septembre.
   Capitules ovoïdes-arrondis, d'un jaune de soufre;
   pédoncules dépassant la feuille. *T. pseudo-pro-*

cumbens Gmel. (T. couché). Pelouses sèches. ① Mai-juin.

7. Calice velu ou hérissé au moins sur les dents.   8
   Calice entièrement glabre.   29

8. Fleurs d'un blanc jaunâtre.   2
   Fleurs blanches ou roses ou rouges.   9

9. Plante couchée, gazonnante.   10
   Plante non gazonnante.   12

10. Calice enflé-vésiculeux.   21
   Non.   11

11. Dents du calice plus longues que la corolle. *T. suffocatum* L. (T. suffoqué). Pelouses sèches. ① Mai-juin.
   Dents du calice plus courtes que la corolle. *T. sub-terraneum* L. (T. semeur). Pelouses rases, sablonneuses. ① Mai-juin.

12. Fleurs en capitule cylindrique ou allongé.   13
   Fleurs en tête ovoïde ou globuleuse.   20

13. Folioles arrondies ou en cœur renversé.   14
   Folioles linéaires ou oblongues.   15

14. Fleurs d'un beau rouge. *T. incarnatum* L. (T. incarnat). Cultivé et naturalisé çà et là. ① Mai-juillet.
   Fleurs d'un blanc rosé. *T. Molinerii* Balbis. (T. de Molineri). Subspontané. ① Mai-juillet.

15. Capitule terminal plus ou moins pédonculé. . . .   16
     Capitules géminés et sessiles entre les feuilles su-
         périeures. *T. Bocconi* Savi. (T. de Boccone).
     Coteaux arides. ① Juin-juillet.

16. Calice à tube glabre. *T. rubens* L. (T. rouge). Haies,
         moissons calcaires, bois. ♃ Juin-juillet.
     Calice à tube velu.   17

17. Dents du calice fructifère spinescentes ainsi que le
         sommet des folioles. *T. augustifolium* L. (T. à
         feuilles étroites). Lieux arides. ① Juin-juillet.
     Dents du calice molles.   18

18. Dents du calice plumeuses jusqu'au sommet. . . .   19
     Dents du calice seulement ciliées. *T. gracile* Thuill.
         (T. grêle). Lieux secs ou sablonneux. ① Juin-
     septembre.

19. Dents du calice dépassant presque deux fois la co-
         rolle. *T. arvense* L. (T. des champs). Champs
         sablonneux. ① Juin-septembre.
     Dents du calice dépassant la corolle au plus d'un
         tiers de sa longueur. *T. agrestinum* Jord. (T.
         agreste). Lieux sablonneux. ① Juillet-sep-
         tembre.

20. Calice enflé-vésiculeux.   21
     Non.   22

21. Fleurs renversées, l'étendard en bas, la carène en
    haut. *T. resupinatum* L. (T. renversé). Prés et
    pelouses. ① Mai-juillet.
    Fleurs dans leur position normale. *T. fragiferum*
    L. (T. fraisier). Prés, bords des chemins. ♃ Juin-
    septembre.

24. Fleurs rougeâtres; dents du calice dressées, peu
    inégales. *T. striatum* L. (T. strié). Pelouses sè-
    ches. ① Mai-juillet.
    Fleurs blanchâtres; dents du calice inégales, raides
    et recourbées. *T. scabrum* L. (T. rude). Pe-
    louses arides. ① Mai.

26. Tube du calice glabre. *T. medium* L. (T. moyen).
    Lieux pierreux, prés, bois. ♃ Juin-août.
    Tube du calice poilu. *T. pratense* L. (T. des prés).
    Prés, bois. ♃ Mai-septembre.

27. Tige dressée. *T. maritimum* L. (T. maritime). Prés
    humides. ① Mai-juin.

Calice à vingt nervures. *T. lappaceum* L. (T. Bardane). Lieux secs, talus. ① Juin-juillet.

29. Capitules latéraux et sessiles. *T. glomeratum* L. (T. aggloméré). Lieux secs sablonneux. ① Mai-juin.
Capitules tous terminaux ou pédonculés. **30**

30. Folioles obovales ou obcordées; fleurs pourvues chacune d'un pédicelle et déjetées sur le pédoncule après la floraison. *T. repens* L. (T. rampant. Prés, pelouses, bords des routes. ♃ Mai-septembre.
Folioles oblongues-lancéolées; fleurs sessiles et jamais déjetées sur le pédoncule. *T. strictum* L. (T. raide). Pelouses sèches sablonneuses. ① Mai-juin.

75. DORYCNIUM [Dorycnie].

Fleurs assez grandes, à carène noirâtre au sommet. *D. suffruticosum* Vill. (D. sous-arbrisseau). Coteaux calcaires. ♃ Juin.

76. TETRAGONOLOBUS [Tetragonolobe].

Fleurs solitaires, d'un jaune pâle, longuement pédonculées. *T. siliquosus* Roth. (T. à siliques). Prés et lieux humides calcaires. ♃ Mai-juillet.

77. LOTUS [Lotier].

1. Dents du calice réfléchies avant la floraison. *L. uligi-*

nosus Schkurr. (L. des fanges). Bois humides, fossés. ♃ Juillet-septembre.
Dents du calice toujours dressées. **2**

2. Dents du calice égalant le tube ou plus courtes que lui. **3**
Dents du calice plus longues que le tube. **4**

3. Stipules linéaires aiguës; pédoncules filiformes. *L. tenuifolius* Rchb. (L. à feuilles menues). Prés et lieux humides. ♃ Mai-septembre.

Stipules ovales ou lancéolées; pédoncules épais. *L. corniculatus* L. (L. corniculé). Prés, bords des bois, pâturages. ♃ Mai-octobre.

4. Etendard plus long que les ailes; légume une fois plus long que le calice. *L. hispidus* Desf. (L. hispide). Lieux arides. ① Juin-juillet.
Etendard plus court que les ailes; légume 5-6 fois plus long que le calice. *L. angustissimus* L. (L. grêle). Pelouses arides. ① Mai-juin.

78. ASTRAGALUS [Astragale].

1. Fleurs jaunâtres. *A. Glycyphyllos* L. (A. à feuilles de réglisse). Bois, haies calcaires. ♃ Juin-septembre.
Fleurs rouges. **2**

2. Fleurs en grappe lâche; fruit pubescent ou glabre. *A. monspessulanus* L. (A. de Montpellier). Pelouses calcaires. ♃ Avril-mai.
Fleurs en grappe globuleuse-ovoïde serrée; fruit

8

laineux. *A. purpureus* Lam. (A. pourpre). Lieux
pierreux, bords des bois. ♃ Mai-juin.

79. VICIA [Vesce].

1. Fleurs axillaires, peu nombreuses, non portées sur
  un pédoncule commun.   2
  Fleurs en grappe pédonculée, plus ou moins fournie.   8

2. Fleurs jaunes ou blanches; gousse hérissée de poils
  bulbeux à la base. *V. lutea* L. (V. jaune). Buissons, moissons. ① Mai-septembre.
  Fleurs jamais jaunes.   3

3. Gousse stipitée. *V. peregrina* L. (V. voyageuse).
  Moissons calcaires. ① Mai-juin.
  Gousse non stipitée.   4

4. Folioles de toutes les feuilles obovales ou cunéiformes
  à la base.   5
  Folioles des feuilles supérieures étroites, tronquées.   6

5. Gousse pubescente, jaunâtre à la maturité; graines
  lisses, orbiculaires-comprimées. *V. sativa* L. (V.
  cultivée). Champs, moissons, haies. ① Mai-septembre.
  Gousse glabre, noircissant à la maturité; graines
  tuberculeuses, globuleuses-cubiques. *V. lathy-
  roïdes* L. (V. fausse gesse). Pelouses sablonneuses.
  ① Avril-mai.

6. Folioles des feuilles supérieures oblongues. 7
Folioles linéaires très-étroites. *V. uncinata* Desv.
(V. crochue). Moissons, lieux secs. ① Mai-juin.

7. Gousse étalée ; graines jaunâtres, tachées de brun.
V. torulosa Jord. (V. toruleuse). Moissons, çà et
là. ① Juin-juillet.
Gousse dressée ; graines d'un brun foncé. *V. segetalis* Thuill. (V. des moissons). Moissons. ① Juin-
juillet.

8. Deux à cinq fleurs. 9
Quinze fleurs ou plus. 10

9. Fleurs purpurines ; feuilles dentées. *V. serratifolia*
Jacq. (V. à feuilles dentées). Bois, lieux cultivés.
① Mai-juillet.
Fleurs bleuâtres ; feuilles non dentées. *V. sepium* L.
(V. des haies). Bois, buissons. ♃ Mai-juillet.

10. Calice bossu à la base ; étendard à limbe une fois
plus court que l'onglet. *V. varia* Host. (V. variable). Moissons calcaires. ① Juillet-août.
Calice non bossu ; étendard égal au moins à l'onglet. 11

11. Etendard à limbe égal à l'onglet. *V. tenuifolia* Roth.
(V. à feuilles menues). Haies, moissons calcaires.
♃ Juin-septembre.
Etendard à limbe une fois plus long que l'onglet. *V.*

Cracca L. (V. Cracca). Buissons, bois, prés frais.
♃ Juin-septembre.

80. ERVUM [Ers].

1. Pédoncule non aristé. 2
Pédoncule aristé; feuilles à vrille rameuse. *E. gracile* DC. (E. grêle). Moissons calcaires. ① Juin-
septembre.

2. Vrille simple ou bifurquée; trois à cinq graines. *E.
tetraspermum* L. (E. à quatre graines). Prés, moissons, haies. ① Juin-septembre.
Vrille rameuse; deux graines. *E. hirsutum* L.
(E. hérissé). Moissons, buissons. ① Mai-septembre.

81. ERVILIA [Ervilier].

Feuilles à 8-12 paires de folioles. *E. sativa* Link. (E.
cultivée). Moissons calcaires. ① Juin-juillet.

82. PISUM [Pois].

Graines lisses, comprimées-anguleuses. *P. arvense*
L. (P. des champs). Moissons. ① Juin-août.
Graines finement tuberculeuses, globuleuses. *P. Tuf-
fetii* Lesson. (P. de Tuffet). Bois, buissons. ①
Avril-mai.

83. LATHYRUS [Gesse].

1. Fleurs jaunes ou blanches. 2
Fleurs rouges, roses ou bleuâtres. 4

2. Pétiole terminé par une vrille rameuse ou par une foliole lancéolée-linéaire; racine fibreuse. . . . 3
Pétiole terminé par une pointe; racines tubéreuses-fusiformes L. *asphodeloïdes* GG. (G. Asphodèle). Prés. ♃ Mai-juin.

3. Une ou rarement deux fleurs sur le pédoncule; des stipules largement hastées; feuilles nulles. *L. Aphaca* L. (G. sans feuilles). Moissons, lieux cultivés. ① Mai-juillet.
Trois à douze fleurs sur le pédoncule; feuilles à 3-6 paires de folioles. *L. pratensis* L. (G. des prés). Prés, buissons. ♃ Juin-août.

4. Racine tubéreuse. 5
Racine fibreuse. 6

5. Pétiole terminé par une vrille rameuse. *L. tuberosus* L. (G. tubéreuse). Moissons calcaires. ♃ Juin-août.
Pétiole terminé par une pointe sétacée. *L. macrorhizus* Wimmer. (G. à racine noueuse). Bois. ♃ Avril-mai.

6. Pétioles tous terminés par une pointe subulée. . . . 7
Pétioles, au moins ceux du sommet de la plante, terminés par une vrille rameuse. 11

7. Feuilles à plusieurs paires de folioles. 8
Feuilles à une seule paire de folioles ou réduites au pétiole foliacé. 9

8. Feuille à 3-6 paires de folioles. *L. niger* Wimmer.
(G. noire). Bois. ♃ Juin-juillet.
Feuille à 2-3 paires de folioles. *L. palustris* L. (G.
des marais). Prés marécageux. ♃ Juin-août.

9. Une paire de folioles linéaires.   10
Feuilles réduites au pétiole ailé. *L. Nissolia* L. (G.
de Nissole). Champs, bords des prés. ① Mai-
juin.

10. Pédoncule cinq à six fois plus long que le pétiole;
graines cubiques. *L. angulatus* L. (G. anguleuse).
Bois, moissons. ① Mai-juillet.
Pédoncule plus court que le pétiole; graines glo-
buleuses. *L. sphœricus* Retz. (G. sphérique).
Champs, lieux secs. ① Mai-juillet.

11. Fleurs solitaires sur des pédoncules plus courts que
la feuille. *L. Cicera* L. (G. chiche). Moissons, souvent cultivé. ① Mai-juillet.
Fleurs plus ou moins nombreuses, ou pédoncule
plus long que la feuille.   12

12. Feuilles à une seule paire de folioles.   13
Deux ou trois paires de folioles.   7

13. Deux ou trois fleurs sur le pédoncule; gousse couverte de poils tuberculeux à la base. *L. hirsutus*
L. (G. hérissée). Moissons, bords des champs.
② Juin-septembre.
Plus de trois fleurs sur le pédoncule; gousse glabre.   14

14. Gousse munie sur le dos de trois côtes peu saillantes et denticulées ; une tache verte à la base extérieure de l'étendard. *L. sylvestris* L. (G. sauvage). Haies, buissons, bords des bois. ⚥ Juin-septembre.

Gousse munie sur le dos de trois côtes lisses, dont la médiane saillante et tranchante ; étendard concolore. *L. latifolius* L. (G. à larges feuilles). Haies, vignes, bords des bois. ⚥ Juin-septembre.

84. CORONILLA [Coronille].

1. Fleurs roses ou rosées. *C. varia* L. (C. panachée). Moissons, bords des bois. ⚥ Juin-août.
Fleurs jaunes.   2

2. Trois ou quatre paires de folioles presque égales, avec impaire. *C. minima* L. (C. naine). Pelouses sèches calcaires. ⚥ Mai-juillet.
Trois folioles seulement ; la terminale très-grande. *C. scorpioïdes* Koch. (C. scorpion). Moissons calcaires. ① Mai-juin.

85. ORNITHOPUS [Ornithope].

1. Fleurs jaunes.   2
Fleurs blanches ou roses.   3

2. Pédoncule dépourvu de feuille bractéale ; feuilles toutes pétiolées. *O. ebracteatus* Brot. (O. sans

bractées). Moissons, surtout dans les lieux sablonneux. ① Mai–juin.

Pédoncule muni de bractées; feuilles moyennes et supérieures sessiles. *O. compressus* L. (O. comprimé). Champs sablonneux. ① Mai–juin.

3. Dents du calice deux fois plus courtes que le tube; gousses arquées. *O. perpusillus* L. (O. délicat). Terrains sablonneux ou granitiques. ① Mai–septembre.

Dents du calice égalant le tube; gousses droites ou presque droites. *O. roseus* Dufour. (O. rose). Moissons, champs sablonneux. ① Mai–juillet.

86. HIPPOCREPIS [Hippocrépide].

Fleurs pendantes sur le pédoncule. *H. comosa* L. (H. en ombelle). Pelouses sèches calcaires, bords des bois. ♃ Mai–juillet.

87. ONOBRYCHIS [Esparcette].

Fleurs roses, en grappe oblongue, assez dense. *O. sativa* Lam. (E. cultivée). Champs calcaires. ♃ Mai–juillet.

88. SPIRÆA [Spirée].

Souche à fibres renflées en tubercules ovoïdes. *S. Filipendula* L. (S. Filipendule). Prés, pelouses calcaires. ♃ Mai–juin.

Souche à fibres non renflées. *S. Ulmaria* L. (S. Ulmaire). Bords des eaux. ♃ Juin–juillet.

89. ALCHEMILLA [Alchémille].

Fleurs très-petites en glomérules à l'aisselle des feuilles. *A. arvensis* Scop. (A. des champs). Champs, murs. ① Mai-septembre.

90. SANGUISORBA [Sanguisorbe].

Capitules d'un rouge foncé. *S. serotina* Jord. (S. tardive). Prés humides. ⚥ Août-septembre.

91. POTERIUM [Pimprenelle].

1. Fruit à angles développés en bord épais, peu sinué; folioles des feuilles inférieures en cœur à la base.   2
   Fruit à angles développés en crêtes minces, sinuées; folioles des feuilles inférieures ovales, arrondies, quelquefois à base oblique.   3

2. Plante glabre ou peu velue; bractées brusquement contractées en onglet. *P. dictyocarpum* Spach. (P. reticulée). Prés secs, pelouses. ⚥ Mai-juillet.
   Plante velue surtout à la base; bractées atténuées en onglet. *P. questphalicum* Bœnng. (P. de Westphalie). Lieux pierreux. ⚥ Mai-juillet.

3. Folioles des feuilles inférieures à base peu oblique; bractées égalant le tube du calice, brusquement contractées en onglet; fossettes du fruit profondes. *P. platylophum* Jord. (P. à larges crêtes). Prés, pâturages. ⚥ Mai-juillet.
   Folioles des feuilles inférieures à base oblique; brac-

tées dépassant le tube du calice, atténuées en onglet
court ; fossettes du fruit peu profondes. *P. steno-
lophum* Jord. (P. à crêtes étroites). Pelouses,
prairies artificielles. ⚄ Mai-juillet.

92. PRUNUS [Prunier].

1. Fruit petit (6-12 millim.).   2
    Fruit gros (15--25 millim.).   6

2. Feuilles n'ayant pas deux centimètres de largeur. .   3
    Feuilles ayant plus de deux centimètres de largeur.   5

3. Pédoncules glabres.   4
    Pédoncules pubérulents. *P. densa* De Martrin. (P.
    touffu). Haies. ⚄ Avril.

4. Anthères jaunes. *P. virgata* De Martrin. (P. effilé).
    Haies. ⚄. Avril.
    Anthères rouges. *P. Martrini* Genevier. (P. de
    Martrin). Haies. ⚄ Avril.

5. Feuilles dentées en scie ; fruits très-petits. *P. Des-
    vauxii* Boreau. (P. de Desvaux). Haies. ⚄ Avril-
    mai.
    Feuilles crénelées-dentées ; fruits assez gros. *P. fru-
    ticans* Weihe. (P. frutescent). Haies, bois. ⚄ Mars-
    mai.

6. Fruits arrondis. *P. insititia* L. (P. sauvage). Haies ,
    bois. ⚄ Avril-mai.
    Fruits ovoïdes.   7

7. Feuilles peu ou point rétrécies à la base. *P. sylvatica*
Desvaux. (P. sylvatique). Haies. ♃ Avril.
Feuilles sensiblement rétrécies à la base. *P. Pruna*
Crantz. (P. pruneau). Haies. ♃ Avril.

93. CERASUS [Cerisier].

1. Fleurs en grappe courte, corymbiforme; fruit noir.
C. Mahaleb Mill. (C. de Sainte-Lucie). Haies des
terrains calcaires. ♃ Avril-mai.
Fleurs en fascicule ombelliforme. . . . .　2

2. Pédoncules accompagnés de bractées foliacées; fruit
rouge, acide. *C. caproniana* DC. (C. griottier).
Haies, bords des vignes. ♃ Avril-mai.
Pédoncules accompagnés de bractées scarieuses;
fruit rouge-foncé ou noir, amer. *C. avium* Mœnch.
(C. des oiseaux). Bois. ♃ Avril-mai.

94. GEUM [Benoite].

Stipules grandes, foliacées, incisées ou dentées. *G.
urbanum* L. (B. commune). Bois, haies, jardins,
lieux frais. ♃ Juin-août.

95. POTENTILLA [Potentille].

1. Fleurs jaunes. . . . .　2
Fleurs blanches. . . . .　9

2. Feuilles pennatiséquées, à segments nombreux. . .　3
Feuilles n'étant pas pennatiséquées. . . . .　4

3. Stipules incisées; feuilles soyeuses-argentées en dessous. *P. Anserina* L. (P. ansérine). Pelouses humides, bords des eaux. ♃ Mai-octobre.
Stipules entières; feuilles vertes, presque glabres. *P. supina* L. (P. couchée). Lieux humides, bords des étangs. ① Juin-septembre.

4. Fleurs ordinairement à cinq pétales.   5
Fleurs ordinairement à quatre pétales.   8

5. Feuilles blanches-tomenteuses en dessous.   6
Non.   7

6. Tige droite ou redressée. *P. argentata* Jord. (P. argentée). Lieux schisteux, sablonneux. ♃ Juin-juillet.
Tige tout à fait couchée ou étalée. *P. demissa* Jord. (P. étalée). Granites ou schistes. ♃ Juin-juillet.

7. Tiges longuement rampantes, filiformes; pédoncules simples ou uniflores. *P. reptans* L. (P. rampante). Bords des chemins, champs. ♃ Juin-septembre.
Tiges assez courtes, non filiformes, un peu redressées; pédoncules portant plus d'une fleur. *P. verna* L. (P. printanière). Pelouses sèches. ♃ Mars-mai.

8. Feuilles caulinaires sessiles. *P. Tormentilla* Nestl. (P. tormentille). Bois, bruyères. ♃ Juin-août.
Toutes les feuilles pétiolées. *P. procumbens* Sibth. (P. étalée). Bois, pelouses. ♃ Juin-août.

9. Une à deux feuilles caulinaires trifoliolées; pétales un

peu plus longs que le calice. *P. fragariastrum*
Ehrh. (P. faux fraisiers). Bords des bois, pelouses.
♃ Mars-mai.

Une à deux feuilles caulinaires unifoliolées ; pétales
une fois plus longs que les sépales. *P. splendens*
Ram. (P. éclatante). Bords des bois, bruyères. ♃
Avril-mai.

96. FRAGARIA [Fraisier].

Calice appliqué sur le fruit dépourvu de graines à la
base. *F. collina* Ehrh. (F. des collines). Bois,
pelouses arides. ♃ Mai-juin.

Calice étalé ou réfléchi ; fruit pourvu de graines sur
toute sa surface. *F. vesca* L. (F. comestible). Bois,
haies. ♃ Avril-juin.

97. RUBUS [Ronce].

1. Tige arrondie ou obtusément anguleuse.   2
   Tige anguleuse à faces planes ou excavées. 10

2. Pétales roses, longuement rétrécis en onglet, très-
   espacés, ovales-étroits, ordinairement échancrés
   ou bifides ; tige poilue-glanduleuse   3
   Pétales ordinairement blancs, élargis, non longuement rétrécis en onglet, ou tige glabre et dépourvue de glandes.   5

3. Etamines violacées au moins à la base. *R. borœa-*

nus Genev. (R. de Boreau). Granites et schistes.
Mi-juin-juillet.
Etamines blanches.   4

4. Feuilles caulinaires blanches-tomenteuses en des-
sous ; rameaux très-aciculés. *R. Genevierii* Bor.
(R. de Genevier). Bois, broussailles, schistes.
Juillet.
Feuilles ordinairement grises ou verdâtres en des-
sous ; rameaux peu aciculés. *R. mutabilis* Genev.
(R. variable). Schistes et granites. Juin-mi-juillet.

5. Sépales réfléchis. *R. pubicaulis.* Lef. et Müll. (R. à
tige poilue). Bois. Juin-juillet.
Sépales étalés ou appliqués sur le fruit.   6

6. Styles roses.   27
Styles blancs ou verdâtres.   7

7. Sépales munis de nombreuses glandes rouges, stipitées. *R. rivalis* Genev. (R. des ruisseaux).
Lieux humides. Juin-juillet.
Sépales dépourvus de glandes stipitées, ou n'en
ayant que fort peu.   8

8. Sépales à bordure blanche.   9
Sépales blanc-tomenteux, sans bordure blanche,
quelquefois un peu aculéolés ; fruit avortant en
partie. *R. degener* Müll. (R. dégénérée). Lieux
frais. Juillet.

9. Feuilles à poils rares en dessus ; calice muni de
    quelques glandes sessiles ou presque sessiles. *R.
    cœsius* L. (R. bleuâtre). Lieux frais. Mi-mai-
    septembre.
    Feuilles à poils abondants en dessus. *R. parvulus*
    Genev. (R. naine). Champs secs, rocailleux,
    calcaires. Mi-juin.

10. Pétales roses.   11
     Pétales blancs ou très-légérement rosulés.   22

11. Tige hérissée, poilue, le plus souvent glanduleuse ;
     aiguillons ordinairement de plusieurs sortes. . .   12
     Tige glabre ou glabrescente, ou à poils espacés,
     sans glandes ; aiguillons ordinairement d'une
     seule sorte.   16

12. Calice aciculé ou aculéolé ; pétales atténués. . . .   3
     Calice non aciculé ou pétales largement ovales. . .   13

13. Sépales étalés ou relevés sur le fruit.   14
     Sépales réfléchis après l'anthèse.   15

14. Etamines violacées au moins à la base ; styles blan-
     châtres au sommet, violacés à la base.   3
     Etamines blanches : styles roses. *R. diversifolius*
     Lindl. (R. à feuilles dissemblables). Lieux pier-
     reux, décombres. Mi-juin-juillet.

15. Feuilles d'un vert gai en dessus, profondément den-

tées, lobées, incisées, à dents aiguës; sépales atteignant souvent la longueur des pétales ; ceux-ci oblongs, longuement rétrécis en onglet et d'un rose pâle. *R. adscitus* Genev. (R. associée). Bois frais, coteaux boisés. Mi-juin-juillet.

Feuilles d'un beau vert en dessus, à dents larges, peu profondes, grossières, doubles ; pétales roses, obovales. *R. piletostachys* Genev. (R. à panicule hérissée). Granites. Juin-juillet.

16. Jeunes carpelles hérissés 17
Jeunes carpelles glabres. 19

17. Foliole terminale des feuilles caulinaires à pétiolule égalant le moitié de sa hauteur, *en cœur à la base,* élargie, arrondie au sommet, nettement cuspidée, ordinairement creusée de chaque côté sous la pointe. *R. Weihanus* Rip. (R. de Weihe). Bois, lieux arides. Juillet-août.

Foliole terminale entière ou à peine échancrée à la base à l'insertion du pétiolule. 18

18. Pétales d'un rose vif ; étamines roses ou pourpres, ou blanches au sommet et roses à la base, rarement tout à fait blanches ; styles violacés ou verdâtres à base violacée ; foliole terminale des feuilles caulinaires ovale, rétrécie à la base. *R. rusticanus* Merc. (R. villageoise). Haies, broussailles. Juin-juillet.

Pétales d'un rose clair ; styles blonds ou d'un jaune sale ; foliole terminale largement ovale, à base

large, entière ou à peine échancrée à l'insertion
du pétiolule. *R. discolor* W. et N. (R. discolore).
Bois, haies, décombres. Juin-juillet.

19. Sépales étalés ou très – imparfaitement réfléchis,
     quelquefois un peu redressés sur le fruit.   20
     Sépales réfléchis   21

20. Styles roses   27
     Styles jaunâtres; sépales à bordure blanche. *R. di-*
     varicatus Müll. (R. étalée). Lieux frais et ombra-
     gés. Juin-juillet.

21. Etamines et anthères blanches ou à peine rosulées,
     égalant les styles blanc-rosé ou carnés. *R. bastar-*
     dianus Genev. (R. de Bastard). Lieux frais et
     ombragés. Juin-juillet.
     Etamines et anthères roses, dépassant les styles vio-
     lacés. *R. nitidus* W. et N. (R. brillante).
     Schistes et granites. Juin-juillet.

22. Feuilles grises-tomenteuses en dessus. *R. tomento-*
     sus Borckh. (R. tomenteuse). Champs calcaires.
     Juillet.
     Feuilles peu poilues en dessus.   23

23. Tige munie d'aiguillons robustes, de même sorte. .   24
     Tige munie d'aiguillons et d'acicules.   30

24. Jeunes carpelles poilus   25
     Jeunes carpelles glabres.   27

25. Tige poilue. *R. carpinifolius* W. et N. (R. à feuilles
de charme). Terrains argilo-calcaires. Juin-juillet.
Tige glabre ou glabrescente. 26

26. Rameaux très-hérissés et abondamment pourvus d'aiguillons dès la base, ainsi que les pédoncules. *R.
albomicans* Rip. (R. blanchâtre). Vignes, lieux
pierreux. Juin-juillet.
Rameaux peu poilus ou glabrescents à la base; aiguillons épars, peu nombreux. *R. robustus* Müll.
(R. robuste). Bois, haies. Juin-juillet.

27. Styles roses. *R. nemorosus* Hayne. (R. des bois).
Haies, terrains légers et sablonneux. Juin-août.
Styles verdâtres ou jaunâtres. 28

28. Panicule à aiguillons falqués, peu nombreux; tige
non glanduleuse. 29
Panicule, pédoncules et pédicelles munies d'un
grand nombre d'aiguillons jaunes; tige plus ou
moins glanduleuse. *R. Lloydianus* Genev. (R. de
Lloyd). Lieux arides, champs. Juillet.

29. Calice gris-verdâtre; tige glabre ou à poils très-
espacés. *R. thyrsoïdeus* Wimm. (R. en thyrse).
Buissons, bois, schistes, granites. Juin-juillet.
Calice blanc-tomenteux; tige poilue, tomentelleuse.
R. vendeanus Genev. (R. vendéenne). Haies,
bois. Juin-juillet.

30. Sépales étalés, apprimés souvent dans la fleur supé-

rieure. *R. insolatus* Müll. (R. du soleil). Bois.
Juin-juillet.
Sépales réfléchis   31

31. Feuilles vertes en dessous, à dents fines, aiguës;
     pétales largement ovales, à onglet court.   5
     Feuilles profondément dentées; pétales rétrécis en
     onglet.   32

32. Feuilles lobées, incisées, d'un vert gai en dessus,
     en dessous d'un vert clair ou plus ou moins blan-
     châtres-tomentelleuses, à poils subapprimés; pani-
     cule très-hérissée de poils brillants   15
     Feuilles épaisses, ridées, plissées, d'un vert foncé
     en dessus, en dessous grises ou blanches-tomen-
     teuses, poilues, hérissées; tige d'un rouge brun.
     R. radula W. et N. (R. râpe). Bois, broussailles,
     schistes et granites. Juin-juillet.

98. ROSA [Rosier].

1. Sépales terminés en pointe foliacée très-saillante sur
    le bouton.   2
    Sépales à pointe non foliacée, peu ou point saillante
    sur le bouton.   22

2. Folioles couvertes en dessous, du moins sur les ner-
    vures principales, de glandes résineuses.   3
    Folioles non glanduleuses en dessous, ou n'ayant
    que de rares glandes sur la nervure médiane. . .   8

3. Styles glabres 4
   Styles velus ou hérissés. 6

4. Tube du calice hispide-glanduleux au moins à la base;
   fruit ovoïde. *R. permixta* Deségl. (R. confondue).
   Haies, bois. Juin.
   Tube du calice lisse. 5

5. Arbrisseau robuste; fruit ovoïde-oblong, rouge à la
   maturité. 6
   Arbrisseau peu élevé; fruit ovoïde, noir à la maturité. *R. agrestis* Savi. (R. agreste). Buissons. Juin-
   juillet.

6. Aiguillons crochus, robustes. *R. sepium* Thuill. (R.
   des haies). Haies, buissons. Juin-juillet.
   Aiguillons subulés, droits ou presque droits. . . . 7

7. Folioles chargées en dessous de glandes odorantes.
   R. rotundifolia Rchb. (R. à folioles rondes). Lieux
   secs et pierreux. Juin-juillet.
   Folioles munies de glandes sur les nervures principales seulement. 12

8. Pédoncules hispides glanduleux ou munis de soies
   très-fines. 9
   Pédoncules lisses. 16

9. Pédoncules hérissés-glanduleux. 10
   Pédoncules munis de soies très-fines. 17

10. Fleurs roses 11
Fleurs complètement blanches ou à onglet jaunâtre,
rarement roses au sommet du bouton 14

11. Folioles glabres ou seulement velues en dessous sur
les nervures principales. 12
Folioles velues en dessus, pubescentes ou tomenteuses en dessous. 15

12. Aiguillons longs, subulés, peu courbés. *R. Jund-
zilliana* Besser. (R. de Jundzil). Haies, buissons.
Juin.
Aiguillons robustes, crochus 13

13 Tube du calice hispide-glanduleux. *R. andegavensis*
Bast. (R. d'Anjou). Haies. Mai–juin.
Tube du calice lisse. *R. systyla* Bast. (R. à styles
soudés). Haies. Juin.

14. Styles en colonne saillante; sépales dépassant peu
le bouton. 22
Styles en colonne peu saillante; sépales dépassant
longuement le bouton. *R. leucochroa* Desv. (R.
blanc-jaunâtre). Haies. Juin.

15. Styles hérissés. *R. collina* Jacq. (R. des collines).
Haies. Juin.
Styles glabres. *R. subglobosa* Smith. (R. à fruit sub-
globuleux). Haies. Juin.

16. Styles glabres. 17
     Styles velus ou hérissés. 18

17. Fleurs roses ou rosées. *R. parvula* Sauzé et Maill.
       (R. à petites fleurs). Haies. Juin.
     Fleurs blanches ou à onglet jaunâtre. *R. chlorantha*
       Sauzé et Maill. (R. jaunâtre). Haies. Juin.

18. Folioles entièrement glabres. 19
     Folioles velues, au moins en dessous, surtout sur les
       nervures. 21

19. Folioles doublement dentées, quelquefois un peu
       glanduleuses sur la nervure médiane. 20
     Folioles simplement dentées. *R. canina* L. (R. de
       chien). Haies, buissons. Juin.

20. Disque du fruit conique ; folioles ordinairement
       pliées en gouttière. *R. squarrosa* Rau. (R. rude).
       Haies, bois. Juin.
     Disque du fruit un peu relevé au centre ; folioles ordi-
       nairement planes. *R. dumalis* Bechst. (R. des
       halliers). Haies, bois. Juin.

21. Folioles glabres ou presque glabres en dessus,
       velues en dessous seulement sur les nervures. *R.
       urbica* Leman. (R. de ville). Haies. Juin.
     Folioles parsemées de poils en dessus, pubescentes
       en dessous. *R. dumetorum* Thuill. (R. des buis-
       sons). Haies. Mai-juin.

23. Disque du fruit conique. *R. seperina* Sauzé et Maill.
(R. de la Sèvre). Haies. Juin.
Disque du fruit légèrement convexe.   24

24. Folioles luisantes en dessous.   25
Folioles d'un vert mat et glaucescentes en dessous.   26

25. Divisions du calice entières, glanduleuses sur le
dos. *R. sempervirens* L. (R. toujours vert). Haies,
bois. Juillet.
Divisions du calice souvent pennatifides, peu ou
point glanduleuses sur le dos. *R. bibracteata* Bast.
(R. à deux bractées). Haies. Mai-juin.

26. Pédoncules lisses et glabres. *R. arvensis* L. (R. des
champs). Bois, haies. Juin-juillet.
Pédoncules scabres, chargés de glandes violacées.
R. repens Scop. (R. rampant). Bois, haies. Juin-
juillet.

99. AGRIMONIA (Aigremoine).

Fleurs nombreuses en long épi grêle. *A. Eupatoria*
L. (A. Eupatoire). Bords des chemins, des haies.
♃ Juin-septembre.

100. CRATÆGUS (Aubépine).

Pédoncules glabres; divisions du calice ovales-acu-

minées ; deux styles. *C. oxyacantha* **L.** (A. à deux
styles). Haies. Avril-mai.
Pédoncules velus ; divisions du calice lancéolées-
acuminées ; un seul style. *C. monogyna* **Jacq.** (A. à
un seul style). Haies. Mai.

101. MESPILUS [Néflier].

Fleurs blanches, grandes, solitaires. *M. germanica*
L. (N. d'Allemagne). Haies, bois. Mai.

102. SORBUS [Sorbier].

Feuilles ailées avec impaire. *S. domestica* **L.** (S. do-
mestique). Bois. Mai.
Feuilles simples, lobées. *S. torminalis* **Crantz.** (S.
Alisier). Bois. Mai.

103. PYRUS [Poirier].

1. Feuilles à la fin glabres ; fruit rétréci à la base. . . .   2
    Feuilles toujours velues ; fruit globuleux. **P.** *Achras*
    Gærtn. (P. sauvage). Bois. Avril-Mai.

2. Feuilles cordiformes , arrondies. *P. cordata* **Desv.**
    (P. à feuilles en cœur). Bois. Avril-mai.
    Feuilles ovales ou oblongues, pointues. *P. Pyraster*
    Bor. (P. Poirasse). Bois. Avril-mai.

104. MALUS [Pommier].

Jeunes feuilles et tube du calice tomenteux. *M. com-*

munis Poir. (P. commun). Haies, bois frais. Avril-mai.

Jeunes feuilles et tube du calice glabres. *M. acerba* Mérat. (P. acide). Haies, bois. Avril-mai.

105. LYTHRUM [Salicaire].

Fleurs en épi dense. *L. Salicaria* L. (S. commune). Bords des eaux, lieux humides. ⚥ Juillet-septembre.

Fleurs axillaires. *L. hyssopifalia* L. (S. à feuilles d'hysope). Fossés, lieux humides. ① Juin-septembre.

106. PEPLIS [Péplide].

Feuilles obovales, atténuées en pétiole. *P. Portula* L. (P. pourpier). Bords des eaux, fossés des bois. ① Juin-septembre.

107. OENOTHERA (Onagre).

Fleurs jaunes, grandes, odorantes; pétales en cœur renversé. *OE. biennis* L. (O. bisanuelle). Lieux sablonneux, bords des rivières. ♂ Juin-septembre.

108. EPILOBIUM (Epilobe).

1. Tige cylindrique.   2
Tige munie de lignes saillantes.   6

2. Fleurs dressées avant la floraison.   3
    Fleurs penchées avant la floraison   4

3. Divisions du calice aiguës, mutiques; feuilles non
    embrassantes. *E. parviflorum* Schreb. (E. à petites
    fleurs). Lieux frais. ♃ Juin-août.
    Dents du calice aristées; feuilles amplexicaules, un
    peu décurrentes. *E. hirsutum* L. (E. velu). Bords
    des eaux. ♃ Juillet-septembre.

4. Feuilles moyennes sessiles, le plus souvent dépour-
    vues de dents; stolons filiformes. *E. palustre* L.
    (E. des marais). Lieux tourbeux. ♃ Juin-sep-
    tembre.
    Feuilles toutes pétiolées, dentées; stolons nuls. . .   5

5. Feuilles atténuées à la base; fleurs blanches avant
    leur épanouissement, puis rosées. *E. lanceolatum*
    Schreb. (E. lancéolé). Haies, surtout dans les ter-
    rains siliceux. ♃ Juin-septembre.
    Feuilles arrondies à la base; fleurs toujours roses.
    E. montanum L. (E. de montagne). Bois mon-
    tueux. ♃ Juin-septembre.

6. Feuilles moyennes sessiles, à limbe un peu décurrent.
    E. tetragonum L. (E. tétragone). Lieux frais. ♃
    Juin-septembre.
    Feuilles non décurrentes et souvent un peu pétiolées.   7

7. Une rosette de feuilles à la base des tiges. *E. Lamyi*

Schultz. (E. de Lamy). Lieux humides. ② Juin-septembre.

Des stolons feuillés à la base des tiges. *E. obscurum* Schreb. (E. obscur). Lieux humides. ♃ Juin-août.

109. MYRIOPHYLLUM [Myriophylle].

1. Fleurs verticillées.   2
Fleurs alternes. *M. alterniflorum* DC. (M. à feuilles alternes). Eaux des terrains sablonneux. ♃ Juin-septembre.

2. Feuilles florales toutes pectinées-pennatifides. *M. verticillatum* L. (M. verticillé). Etangs, lieux fangeux. ♃ Juin-septembre.
Bractées des fleurs supérieures courtes, entières. *M. spicatum* L. (M. en épi). Eaux stagnantes. ♃. Mai-août.

110. ISNARDIA [Isnarde].

Feuilles ovales-aiguës, atténuées en pétiole assez long. *I. palustris* L. (I. des marais). Lieux inondés. ♃ Juin-septembre.

111. CIRCÆA [Circée].

Fruits en massue, hérissés de poils crochus au sommet. *C. lutetiana* L. (C. parisienne). Lieux frais et couverts. ♃ Juin-septembre.

112. HIPPURIS [Pesse].

Tige fistuleuse, articulée. *H. vulgaris* L. (P. commune). Lieux bourbeux. ♃ Juin-août.

113. TRAPA [Macre].

Fleurs blanches, brièvement pédonculées. *T. natans* L. (M. flottante). Etangs. ① Juin-août.

114. CALLITRICHE [Callitriche].

1. Feuilles toutes linéaires, étroites et submergées. *C. truncata* Guss. (C. tronquée). Ruisseaux, fontaines, étangs. ♃.
Feuilles supérieures obovales, formant une rosette flottante. 2

2. Styles caducs. *C. vernalis* Kützing. (C. printanière). Ruisseaux, fontaines, étangs. ♃.
Styles persistants, très-allongés. 3

3. Feuilles toutes obovales. *C. stagnalis* Scop. (C. des étangs). Ruisseaux, fontaines, étangs. ♃.
Feuilles inférieures, caulinaires et raméales linéaires. *C. platycarpa* Kütz. (C. à fruits larges). Ruisseaux, fontaines, étangs. ♃.

115 ARISTOLOCHIA. [Aristoloche].

Fleurs d'un jaune verdâtre ; racine longuement rampante. *A. Clematitis* L. (A. Clématite). Vignes, haies. ♃ Mai-septembre.

Fleurs d'un pourpre noir; racine napiforme. *A. longa* L. (A. longue). Champs calcaires. ♃ Mai-juin.

116. BRYONIA (Bryone).

Tiges grêles, grimpantes, munies de vrilles. *B. dioïca* Jacq. (B. dioïque). Haies. ♃ Juin-juillet.

117. ECBALLIUM. (Ecballion).

Fruit ovoïde-oblong, penché. *E. Elaterium* Richard. (E. élastique). Décombres, bords des haies. ♃ Juillet-septembre.

118. SAXIFRAGA. [Saxifrage].

Racine grumeuse. *S. granulata* L. (S. granulée). Prés. ♃ Mai-juin.

Racine fibreuse. *S. tridactylites* L. (S. trilobée). Vieux murs, champs sablonneux. ① Mars-mai.

119. CHRYSOSPLENIUM [Dorine].

Feuilles orbiculaires, tronquées à la base ou atténuées en pétiole. *C. oppositifolium* L. (D. à feuilles opposées). Lieux humides et couverts des terrains sablonneux. ♃ Mai.

120. CORNUS [Cornouiller].

Fleurs jaunes paraissant avant les feuilles, en ombelle simple, brièvement pédonculée, axillaire. *C. mas* L. (C. mâle). Hais, bois. Mars-avril.

Fleurs blanches paraissant après les feuilles, en cyme composée, terminale, assez longuement pédonculée. *C. sanguinea* L. (C. sanguin). Haies, bois. Mai-juin.

121. ADOXA [Adoxe].

Souche blanche, écailleuse, rampante. *A. moschatellina* L. (A. moscatelle). Lieux frais et ombragés. ♃ Mars-avril.

122. SAMBUCUS [Sureau].

Tige herbacée. *S. Ebulus* L. (S. Yèble). Champs, bords des chemins. ♃ Juin-août.

Tige ligneuse. *S. nigra* L. (S. noir). Haies. ♃ Juin.

123. VIBURNUM [Viorne].

Fleurs toutes semblables ; rameaux tomenteux. *V. Lantana* L. (V. cotonneuse). Bois, haies. Avril-mai.

Fleurs de la circonférence de l'ombelle très-grandes ; rameaux glabres. *V. Opulus.* L. (V. Obier). Bois humides. Mai-juin.

124. LONICERA [Chèvrefeuille].

Fleurs verticillées, en tête longuement pédonculée ; tige sarmenteuse. *L. Periclymenum* L. (C. des

bois). Haies, bois. ♃ Juin-septembre.
Fleurs géminées sur des pédoncules axillaires; arbrisseau dressé. *L. Xylosteum* L. (C. des buissons). Haies, bois calcaires. Mai-juin.

125. SHERARDIA [Shérarde].

Fleurs ordinairement lilas ; fruits hérissés. *S. arvensis* L. (S. des champs). Champs, lieux cultivés. ① Mai-octobre.

126. ASPERULA [Aspérule].

1. Fleurs bleues. *A. arvensis* L. (A. des champs). Champs, moissons. ① Mai-juillet.
Fleurs blanches ou rosées.   2

2. Fleurs obovales ou lancéolées ; fruits hérissés. *A. odorata* L. (A. odorante). Bois siliceux. ♃ Mai-juin.
Feuilles linéaires ; fruits glabres.   3

3. Feuilles glauques, verticillées par 6-8. *A. galioïdes* M. Bieb. (A. faux gaillet). Lieux secs et pierreux. ♃ Juin-juillet.
Feuilles vertes, verticillées par 4-6. *A. Cynanchica* L. (A. à l'esquinancie). Pelouses sèches et pierreuses. ♃ Juin-septembre.

127. CRUCIANELLA [Crucianelle].

Tige droite; feuilles linéaires, dressées; fleurs jau-

nâtres, en épi quadrangulaire. *C. angustifolia* L.
(C. à feuilles étroites). Champs pierreux. ① Juin-
juillet.

128. RUBIA [Garance].

Stigmate en tête ; réseau des nervures paraissant à
peine sous les feuilles. *R. peregrina* L. (G. voyageuse). Lieux pierreux, haies, bois. ♃ Mai-
août.

Stigmate en massue ; réseau des nervures faisant
saillie à la surface inférieure des feuilles. *R. tinc-
torum* L. (G. des teinturiers). Haies. ♃ Juin-
juillet.

129. GALIUM [Gaillet].

1. Fleurs jaunes ou jaunâtres.   2
    Fleurs blanches, blanchâtres ou rosées.   3

2. Feuilles ovales ; fleurs axillaires. *G. Cruciata* Scop.
    (G. croisette). Haies, prés. ♃ Avril-juin.
    Feuilles linéaires ; fleurs en panicule. *G. verum* L.
    (G. jaune). Prés, bords des bois. ♃ Juin-juillet.

3. Tiges glabres ou pubescentes, mais sans aiguillons
    crochus.   4
    Tiges bordées d'aspérités ou de petits aiguillons
    crochus.   12

4. Feuilles verticillées, toutes ou la plupart, par quatre,
    quelquefois par six, jamais plus.   5
    Feuilles verticillées par six-douze.   8

5. Feuilles munies d'une seule nervure.   6
   Feuilles munies de trois nervures en dessous. *G.
   boreale* L. (G. boréale). Prés humides calcaires.
   ♃ Juin-août.

6. Pédoncules fructifères très-divergents; feuilles,
   toutes ou la plupart, verticillées par quatre au
   moins.   7
   Pédoncules rapprochés, non divergents; feuilles de
   la tige et des principaux rameaux par six, les autres par quatre. *G. constrictum* Chaub. (G. resserré). Lieux fangeux. ♃ Juin-juillet.

7. Plante grêle; fleurs petites; panicule vaste, peu
   fournie, à rameaux entrelacés, étalés et déjetés;
   pédicelles fructifères divariqués. *G. palustre* L.
   (G. des marais). Fossés, lieux fangeux. ♃ Mai-
   juillet.
   Plante robuste; fleurs assez grandes; panicule vaste,
   fournie, à rameaux médiocrement étalés, jamais
   déjetés; pédicelles fructifères étalés à angle droit.
   G. elongatum Presl. (G. allongé). Fossés, lieux
   humides. ♃ Juin-août.

8. Fruits tuberculeux; fleurs en bouquets serrés; tiges
   émettant à la base des rameaux stériles couchés;
   rameaux fleuris redressés. *G. saxatile* L. (G. des
   rochers). Landes, pelouses sèches des terrains
   schisteux ou granitiques. ♃ Juin-juillet.
   Fruits lisses ou un peu chagrinés; fleurs en corymbe lâche.   9

9. Tige atteignant au plus 3-4 décimètres; lobes de
la corolle seulement aigus. 10
Tige souvent très-élevée; lobes de la corolle terminés par un filet très-aigu. 11

10. Feuilles bordées de petits aiguillons, et à nervure
saillante; anthères d'un beau jaune. *G. silvestre*
Poll. (G. des bois). Bois, pelouses. ♃ Juin-
juillet.
Feuilles lisses sur les bords, à nervure non saillante; anthères ovales, d'un jaune pâle. *G. lœve*
Thuill. (G. lisse). Bois, collines. ♃ Juin-juillet.

11. Feuilles un peu veinées, toutes larges, obovales,
courtes. *G. elatum* Thuill. (G. élevé). Haies,
bois. ♃ Juillet-août.
Feuilles non veinées-réticulées, rétrécies à la base.
G. album Lam. (G. blanc). Haies, bois, murs.
♃ Mai-juin.

12. Fleurs d'un beau blanc. 13
Fleurs d'un blanc sale ou verdâtre. 14

13. Fruits tuberculeux; feuilles très-rudes sur les bords;
plante très-scabre. *G. uliginosum* L. (G. des
fanges). Lieux marécageux, prés. ♃ Mai-septembre.
Fruits lisses; feuilles un peu rudes sur les bords. 6

14. Fruits hérissés ou fortement tuberculeux; plante
très-rude, accrochante; feuilles mucronées. . . 15
Fruits seulement chagrinés; plante un peu rude. . 17

15. Pédoncules du fruit droits   16
Pédoncules du fruit recourbés en dessous et ne dépassant pas les feuilles. *G. tricorne* With. (G.
tricorne). Moissons calcaires. ① Juin-septembre.

16. Tige renflée et hérissée aux nœuds. *G. Aparine* L.
(G. Gratteron). Haies. ① Juin-septembre.
Tige ni renflée, ni hispide aux nœuds. *G. spurium*
L. (G. bâtard). Lieux incultes. ① Juin-sep-
tembre.

17 Rameaux de la panicule longs et presque capil-
laires; feuilles veinées, à une nervure dorsale
faible. *G. tenuicaule* Jord. (G. à tige menue).
Pelouses sèches. ① Juin-août.
Rameaux courts et non capillaires; feuilles non
veinées, à nervure dorsale forte. *G. ruricolum*
Jord. (G. des champs). Pelouses sèches. ①
Juillet-août.

130. HEDERA [Lierre].

Feuilles luisantes, persistantes. *H. Helix* L. (L.
grimpant). Bois, haies, vieux murs. ♃ Septembre-octobre.

131. ERYNGIUM [Panacaut].

Feuilles coriaces fortement épineuses. *E. campestre*
L. (P. champêtre). Lieux incultes, bords des
chemins, surtout dans le calcaire. ♃ Août-septembre,

132. SANICULA [Sanicle].

Feuilles palmatipartites ; tige nue ou presque nue.
S. europæa L. (S. d'Europe). Bois. ♃ Mai-
juin.

133. ANGELICA [Angélique].

Dents du calice nulles. *A. sylvestris* L. (**A.** sauvage). Prés et bois humides. ♃ Juillet-septembre.

134. ANETHUM [Aneth].

Plante annuelle. *A. graveolens* L. (**A.** odorant).
Lieux cultivés. ① Juillet-août.

135. PEUCEDANUM [Peucedane].

1. Fleurs jaunes ou jaunâtres. *P. alsaticum* L. (P. d'Al-
   sace). Bois secs. ♃ Juillet-septembre.
   Fleurs blanches ou rosées.   2

2. Tige sillonnée. *P. palustre* L. (P. des marais). Marais,
   buissons humides. ② Juillet-août.
   Tige seulement striée.   3

3. Involucre nul ou à un petit nombre de folioles. *P.*
   gallicum Latour. (P. de France). Bois et prés
   secs. ♃ Juillet-septembre.
   Involucre à beaucoup de folioles.   4

4. Feuilles vertes : pétiole genouillé-divariqué à chacune
   de ses articulations. *P. Oreoselinum* Mœnch. (P.

Sélin de montagnes). Pâturages secs, bois, surtout dans les terrains sablonneux. ♃ Juillet-août.

·Feuilles glauques en-dessous; pétiole droit. *P. Cervaria* Lap. (P. des cerfs). Coteaux calcaires, pâturages secs. ♃ Juillet-octobre.

136. PASTINACA [Panais].

Tige irrégulièrement cannelée, à angles très-prononcés. *P. pratensis* Jord. (P. des prés). Lieux frais. ② Août-septembre.

137. HERACLEUM [Berce].

Lobules des feuilles ovales, arrondis, presque obtus. *H. occidentale* Bor. (B. de l'ouest). Prairies fraîches. ② ou ♃ Mai-juin.

Lobules des feuilles lancéolés, aigus. *H. æstivum* Jord. (B. d'été). Bois. ② ou ♃ Juillet-septembre.

138. TORDYLIUM [Tordylier].

Fleurs blanches ou rosées; plante rude. *T. maximum* L. (T. élevé). Haies, lieux pierreux. ② Juillet-août.

139. SCANDIX [Scandix].

Fruits dressés, à bec très-long. *S. Pecten-Veneris* L. (S. Peigne de Vénus). Moissons calcaires ou argileuses. ① Mai-août.

140. ANTHRISCUS [Anthrisque].

Fruit aiguillonné. *A. vulgaris* Pers. (A. commun).

Haies, lieux incultes, décombres. ① Avril-juin.
Fruit lisse, non aiguillonné. *A. sylvestris* L. (A. sauvage). Haies, lieux couverts. ♃ Mai–juin.

141. CHÆROPHYLLUM [Cerfeuil].

Tige maculée de pourpre, renflée à l'insertion des feuilles. *C. temulum* L. (C. penché). Lieux incultes, haies. ② Juin-juillet.

142. BUPLEURUM [Buplèvre].

1. Feuilles perfoliées. 2
Feuilles non perfoliées. 3

2. Fruit lisse ; involucelles redressés-connivents à la maturité. *B. rotundifolium* L. (B. à feuilles rondes). Moissons calcaires. ① Juin-juillet.
Fruit ridé-tuberculeux ; involucelles très-étalés. *B. protractum* Link. (B. allongé). Moissons calcaires. ① Juin-juillet.

3. Involucelle à folioles elliptiques ou ovales-lancéolées, dressées, aristées, dépassant beaucoup les fleurs. *B. aristatum* Bart. (B. aristé). Lieux secs et pierreux. ① Juin-juillet.
Involucelle étalé. 4

4. Ombelles composées de 3-5 fleurs. 5
Ombelles composées de plus de six fleurs d'un beau jaune. *B. falcatum* L. (B. à feuilles en faulx). Haies, lieux pierreux, bords des bois calcaires. ♃ Août-septembre.

5. Fruits grenus-tuberculeux. *B. tenuissimum* L. (B.
grêle). Pelouses sèches et incultes, bords des chemins. ① Juillet-septembre.
Fruits lisses. *B. Jacquinianum* Jord. (B. de Jac-
quin). Coteaux secs. ① Juillet-août.

143. SIUM (Berle).

Tige dressée; ombelles terminales. *S. latifolium* L.
(B. à larges feuilles). Marais ▉▉▉ ⚥ Juillet-
août.

144. BERULA.

Tiges couchées-ascendantes; ombelles opposées aux
feuilles. *B. angustifolia* Koch. (B. à feuilles
étroites). Ruisseaux, fossés, étangs. ⚥ Juillet-
septembre.

145. PIMPINELLA (Boucage).

Styles plus longs que l'ovaire; tige feuillée, angu-
leuse-sillonnée. *P. magna* L. (B. élevé). Bois,
prés, haies. ⚥ Juillet-septembre.
Styles plus courts que l'ovaire; tige finement striée,
nue dans les trois-quarts supérieurs. *P. Saxifraga*
L. (B. saxifrage). Pelouses sèches. ⚥ Juillet-septembre.

146. CONOPODIUM (Conopode).

Tige grêle, nue ou presque nue. *C. denudatum*
Koch. (C. sans involucre). Bois sablonneux, prés
secs. ⚥ Mai-juillet.

147. CARUM [Carvi[.

Racines à fibres renflées. *C. verticillatum* Koch. (C. verticillé). Prés marécageux, landes humides, surtout des terrains siliceux. ♃ Juin-août.

148. ÆGOPODIUM [Egopode].

Souche rampante. *Æ. Podagraria.* (E. des goutteux). Lieux humides, haies. ♃ Mai-juillet.

149. ᴀᴍᴍɪ [Ammi].

Involucre à ●●●●●●es, dépassant souvent les rayons de l●●●●● *A. majus* L. (A. majeur). Champs sablonneux. ②. Juillet-août.

150. SISON [Sison].

Feuilles inférieures à lobes ovales-oblongs. *S. Amomum* (S. Amome). Haies humides, bords des champs. ② Juillet-septembre.

151. FALCARIA [Faucillière].

Calice à cinq dents. *F. Rivini* Host. (F. de Rivin). Moissons et champs calcaires. ② Juillet-août.

152. HELOSCIADIUM [Hélosciadie].

1. Ombelles portées sur des pédoncules plus courts que les rayons. *H. nodiflorum* Koch. (H. à ombelles sessiles). Fossés, ruisseaux. ♃ Juillet-septembre.
Ombelles portées sur des pédoncules plus longs que les rayons. 2

2. Involucre à 2-5 folioles persistantes. *H. repens* Koch. (H. rampante). Lieux marécageux. ♃ Juillet-septembre.

Involucre nul. *H. inundatum* Koch. (H. inondée). Marais, fossés. ♃ Juin-juillet.

153. TRINIA [Trinie].

Tige fluxueuse, à rameaux étalés. *T. vulgaris* DC. (T. commune). Coteaux pierreux. ♂ Mai-juin.

154. PETROSELINUM [Persil].

Tige grêle, à rameaux effilés. *P. segetum* Koch. (P. des moissons). Moissons calcaires, lieux incultes. ① Juillet-août.

155. APIUM [Ache].

Feuilles inférieures à segments cunéiformes à la base, incisés-dentés au sommet. *A. graveolens* L. (A. odorante). Haies autour des jardins, pied des murs. ② Juillet-septembre.

156. SMYRNIUM [Maceron].

Feuilles inférieures à segments ovales, crénelés. *S. Olus-atrum* L. (M. commun). Haies, lieux couverts. ② Mai-juin.

157. CONIUM [Ciguë].

Plante d'un vert sombre. *C. maculatum* L. (C. tachée). Haies, décombres. ② Juin-août.

158. HYDROCOTYLE [Hydrocotyle].

Ombelles irrégulières. *H. vulgaris* L. (H. commune).
Bords des marais, pelouses inondées l'hiver. ♃
Juin-septembre.

159. SILAUS [Silaus].

Plante verte; tige striée. *S. pratensis* L. (S. des prés).
Prés, bois humides. ♃ Juin-septembre.

160. SESELI [Séséli].

Segments des feuilles munis en dessous d'une nervure saillante. *S. vulgatum* Bor. (S. commun).
Coteaux, pelouses calcaires. ♃ Juillet-octobre.
Nervure des feuilles nulle ou presque nulle. *S.
glaucescens* Jord. (S. glaucescent). Coteaux, pelouses calcaires. ♃ Août-octobre.

161. LIBANOTIS [Libanotis].

Calice à dents subulées; tige anguleuse. *L. montana*
All. (L. de montagne). Bois calcaires. ♃ Juillet-
octobre.

162. FOENICULUM [Fenouil].

Plante à odeur forte et aromatique. *F. officinale* All.
(F. officinal). Rochers, lieux secs et pierreux. ♃
Juillet-août.

163. ÆTHUSA [Ethuse].

Fleurs blanches; folioles de l'involucre réfléchies.

Æ. Cynapium L. (E. ache de chien). Lieux cultivés, jardins. ⓘ Juillet-septembre.

164. OENANTHE [OEnanthe].

1. Ombelles opposées aux feuilles. *OE. Phellandrium* Lam. (OE. Phellandre). Fossés profonds, étangs. ② Juillet-août.
Ombelles terminales.   2

2. Ombellules fructifères globuleuses; souche munie de stolons épigés. *OE. fistulosa* L. (OE. fistuleuse). Marais, prés humides. ♃ Juin-juillet.
Ombellules fructifères non globuleuses; stolons nuls.   3

3. Lobes des feuilles supérieures linéaires, entiers. . .   4
Lobes des feuilles supérieures cunéiformes-incisés; ombelles très-grandes. *OE. crocata* L. (OE. safranée). Lieux humides, bords des rivières. ♃ Juin-juillet.

4. Pétales extérieurs rayonnants, moitié plus grands que les autres; racines fusiformes ou en massue terminée par une fibre. *OE. peucedanifolia* Poll. (OE. à feuilles de Peucédane). Prés, bois. ♃ Juin-juillet.
Pétales extérieurs n'étant pas moitié plus grands que les autres.   5

5. Ombelles fructifères contractées, planes en dessus; racines renflées vers leur extrémité en tubercule

globuleux. *OE. pimpinelloïdes* L. (OE. Boucage).
Prés, bois. ♃ Juin-juillet.

Ombelles fructifères hémisphériques, convexes en
dessus; racines filiformes ou un peu renflées
en fuseau. *OE. Lachenalii* Gmel. (OE. de Lachenal). Pâturages humides. ♃ Juillet-août.

165. LASERPITIUM [Laser].

Fruit pourvu d'ailes membraneuses. *L. latifolium* L.
(L. à feuilles larges). Bois. ♃ Juillet-août.

166. DAUCUS [Carotte].

Ombelles contractées en nid d'oiseau à la maturité.
D. Carota L. (C. commune). Prés, pâturages. ②
Juin-octobre.

167. ORLAYA [Orlaye].

Fruit comprimé par le dos. *O. grandiflora* Hoffm. (O.
à grandes fleurs). Moissons calcaires. ① Juin-
août.

168. TURGENIA [Turgénie].

Feuilles à segments oblongs, dentés. *T. latifolia*
Hoffm. (T. à larges feuilles). Moissons calcaires.
① Juin-août.

169. CAUCALIS [Caucalide].

Feuilles à segments linéaires. *C. daucoïdes* L. (C.
fausse carotte). Moissons calcaires. ① Mai-juillet.

170. TORILIS [Torilis].

1. Ombelle sessile ou brièvement pédonculée, opposée
aux feuilles. *T. nodosa* Gaertn. (T. noueuse).
Lieux secs et incultes. ① Juin-juillet.
Ombelles terminales.   2

2. Un seul des méricarpes aiguillonné; fleurs penchées
avant la floraison. *T. heterophylla* Guss. (T. à deux
formes de feuilles). Bords des haies, buissons. ♀
Mai-juin.
Les deux méricarpes aiguillonnés; fleurs toujours
dressées.   3

3. Involucre à cinq folioles; fleurs de la circonférence
presque régulières. *T. Anthriscus* Gmel. (T. An-
thrisque). Bords des bois, buissons, lieux incultes.
♀ Juin-août.
Involucre nul ou à moins de cinq folioles; fleurs de
la circonférence plus grandes, très-irrégulières.
T. helvetica Gmel. (T. de Suisse). Champs, haies.
♀ Juillet-septembre.

171. BIFORA [Bifore].

Plante fétide. *B. testiculata* Spreng. (B. à deux
bosses). Moissons calcaires. ① Mai-juin.

172. RHAMNUS [Nerprun].

1. Feuilles denticulées   2
Feuilles non denticulées. *R. Frangula* L. (N. Bour-
daine). Haies, bois. Mai-juillet.

2. Feuilles opposées sur les jeunes rameaux, caduques.
R. catharticus L. (N. purgatif). Bois, haies. Juin-
juillet.
Feuilles alternes, coriaces, persistantes. *R. Alaternus*
L. (N. Alaterne). Rochers, haies. Avril-mai.

173. EVONYMUS [Fusain].

Fruit à angles obtus, rose à la maturité. *E. europœus* L. (F. d'Europe). Haies, bois. Mai-juin.

174. BUXUS [Buis].

Fruits verts; fleurs jaunes. *B. sempervirens* L. (B
toujours vert). Bois pierreux. Mars-Avril.

175. ILEX [Houx].

Fruits rouges; fleurs blanches. *I. aquifolium* L. (H.
commun). Haies, bois. Mai.

176. VITIS [Vigne].

Fleurs en grappes opposées aux feuilles. *V. vinifera*
L. (V. vinifère). Haies, bois. Juin.

177. ACER [Erable].

1. Feuilles à plus de trois lobes. 2
Feuilles à trois lobes. *A. monspessulanum* L. (E. de
Montpellier). Haies, coteaux pierreux. Avril-mai.

2. Fleurs en grappes courtes, dressées, sessiles; ailes

du fruit étalées horizontalement. *A. campestre* L.
(E. champêtre). Haies, bois. Avril-mai.
Fleurs en grappes pédonculées, pendantes; ailes du
fruit étalées-dressées. *A. pseudo-Platanus* L. (E.
faux Platane). Bois. Mai.

178. POLYGALA [Polygala].

1. Plusieurs feuilles opposées; tige à rameaux supé-
rieurs dépassant souvent la grappe terminale qui
paraît alors latérale; plante couchée. *P. depressa*
Wend. (P. couché). Landes, bruyères sèches.
♃ Avril-juin.
Grappes mures jamais latérales.   2

2. Feuilles caulinaires lancéolées-aiguës; grappes lâches. *P. vulgaris* L. (P. commun). Prés, pelouses,
bois. ♃ Avril-juin.
Feuilles toutes ovales-obtuses; grappes souvent four-
nies. *P. calcarea* Schultz. (P. du calcaire). Pâturages, pelouses calcaires. ♃ Avril-juin.

179. GERANIUM [Géranium].

1. Calice étalé; onglet des pétales beaucoup plus court
que le limbe.   2
Calice appliqué, resserré au sommet; onglet des pétales aussi long que le limbe   7

2. Pédoncules uniflores; fleur très-grande. *G. sangui-
neum* L. (G. sanguin). Bois secs. ♃. Mai-août.
Pédoncules biflores.   3

3. Pétales entiers, glabres au-dessus de l'onglet. *G. ro-tundifolium* L. (G. à feuilles rondes). Lieux secs, murs, chemins. ① Mai-septembre.

    Pétales bifides ou échancrés, ciliés au-dessus de l'onglet.   4

4. Feuilles fendues, presque jusqu'à la base, en lobes nombreux et étroits.   5

    Divisions des feuilles élargies, non prolongées jusqu'à la base.   6

5. Pédoncules dépassant beaucoup les feuilles. *G. columbinum* L. (G. colombin). Haies, buissons. ① Mai-août.

    Pédoncules plus courts que les feuilles. *G. dissectum* L. (G. découpé). Champs, haies. ① Mai-septembre.

6. Filets des étamines glabres. *G. molle* L. (G. mollet). Lieux secs, murs, chemins. ① Mai-septembre.

    Filets des étamines finement ciliés. *G. pusillum* L. (G. fluet). Murs, décombres, lieux secs. ① Mai-septembre.

7. Feuilles plusieurs fois ailées.   8

    Feuilles orbiculaires, à lobes cunéiformes, crénelés, très-luisantes. *G. lucidum* L. (G. luisant). Murs humides, lieux couverts. ① Mai-août.

8. Pétales dépassant peu le calice.   9

    Pétales une fois plus longs que le calice. *G. rober-*

tianum L. (G. herbe à Robert). Haies, murs, lieux frais. ② Avril-septembre.

9. Feuilles d'un vert gai; pédoncules inférieurs plus courts que les feuilles. *G. modestum* Jord. (G. modeste). Murs, haies. ① Mai-juin.

Feuilles d'un vert sombre; pédoncules inférieurs dépassant les feuilles. *G. minutiflorum* Jord. (G. à fleurs menues). Lieux pierreux. ① Mai-septembre.

180. ERODIUM [Erodium].

1. Filets des étamines fertiles bidentés à la base. *E. moschatum* L'Hérit. (E. musqué). Lieux secs, pied des murs. ① Mai-septembre.

Non. 2

2. Deux pétales munis à la base d'une tache arrondie, noirâtre; stigmates d'un pourpre violet foncé. *E. prætermissum* Jord. (E. oublié). Pelouses granitiques. ① Mars-septembre.

Non. . . . .

3. Feuilles poilues-grisâtres, à folioles découpées jusqu'à la côte. *E. sabulicolum* Jord. (E. des sables). Lieux sablonneux. ①.

Feuilles vertes à folioles incisées-dentées. *E. triviale* Jord. (E. commun). Bords des chemins, champs, vignes. ① Mars-septembre.

181. OXALIS [Oxalide].

Fleurs jaunes. *O. stricta* L. (O. dressée). Jardins frais. ♃. Juin-octobre.

Fleurs blanches ou rosées. *O. Acetosella* L. (O. oseille). Lieux ombragés, haies surtout des terrains schisteux. ♃ Avril-mai.

182. LINUM [Lin].

1. Quatre sépales; quatre pétales. *L. Radiola* L. (L. Radiole). Pelouses des bois, lieux mouillés l'hiver. ① Juin-octobre.
   Cinq sépales; cinq pétales.   2

2. Fleurs jaunes.   3
   Fleurs bleues, roses ou blanches.   5

3. Fleurs espacées le long des rameaux glabres. *L. gallicum* L. (L. de France). Champs, lieux incultes. ① Juin-septembre.
   Fleurs rapprochées au sommet des rameaux pubescents à leur partie interne   4

4. Fleurs en panicule corymbiforme lâche. *L. corymbulosum* Rchb. (L. corymbuleux). Coteaux secs. ①
   Juin-juillet.
   Fleurs en corymbe compacte. *L. strictum* L. (L. raide). Coteaux secs calcaires. ① Mai-juillet.

5. Fleurs roses ou blanches.   6
   Fleurs bleues.   7

6. Fleurs roses ; feuilles linéaires éparses. *L. tenuifolium* L. (L. à feuilles menues). Coteaux pierreux calcaires. ♃ Juin-août.
   Fleurs blanches ; feuilles ovales-lancéolées, opposées. *L. catharticum* L. (L. purgatif). Prés, pelouses. ① Juin-septembre.

7. Capsule dépassant à peine les sépales. *L. angustifolium* Huds. (L. à feuilles étroites). Coteaux arides, bords des chemins. ♃ Mai-juillet.
   Capsule une fois plus longue que les sépales. *L. Loreyi* Jord. (L. de Lorey). Coteaux calcaires incultes. ♃ Mai-juin.

183. GYPSOPHILA [Gypsophile].

Tiges grêles ; fleurs roses. *G. muralis* L. (G. des murs). Champs arides après la moisson, lieux humides et desséchés. ① Juin-septembre.

184. DIANTHUS [OEillet].

1. Pétales à limbe dressé, dépassant à peine le calice ; fleurs sessiles en faisceau serré. *D. prolifer* L. (OE. prolifère). Coteaux arides, bords des chemins. ① Juin-août.
   Pétales à limbe étalé, dépassant beaucoup le calice.　2

2. Fleurs agrégées au sommet de la tige et des rameaux. . . . .　3
   Fleurs solitaires, grandes, très-odorantes. *D. Caryophyllus* L. (OE. giroflée). Vieux murs. ♃ Juillet.

3. Plante glabre. *D. carthusianorum* L. (OE. des Char-
treux). Prés, bords des haies. ♃ Juin-juillet.
Plante velue. *D. Armeria* L. (OE. Arméria). Bois,
pelouses. ② Juin-août.

185. SAPONARIA [Saponaire].

Calice cylindrique. *S. officinalis* L. (S. officinale).
Haies et décombres. ♃ Juin-août.
Calice ovoïde-anguleux. *S. vaccaria* L. (S. des va-
ches). Moissons calcaires. ① Juin-juillet.

186. CUCUBALUS [Cucubale].

Fruit noir, luisant. *C. baccifer* L. (C. à baie). Haies,
buissons. ♃ Juillet-août.

187. SILENE [Silène].

1. Calice renflé-vésiculeux, veiné en réseau.   2
Calice appliqué sur le fruit; tiges visqueuses au
sommet.   4

2. Bractées herbacées; limbe des pétales muni à la base
de deux écailles acuminées. *S. maritima* With.
(S. maritime). Rochers. ♃ Mai-août.
Bractées scarieuses; limbe des pétales muni à la base
de deux petites bosses.   3

3. Plante à villosité courte et crépue. *S. puberula* Jord.

(S. pubérulent). Lieux cultivés. ♃ Juin-octobre.

Plante glabre ou à peu près. *S. brachiata* Jord. (S. branchu). Cultures, lieux pierreux. ♃ Juin-octobre.

4. Fleurs dressées. 5

Fleurs penchées. *S. nutans* Sm. (S. penché). Rochers, lieux secs, surtout dans les schistes. ♃ Avril-mai.

5. Fleurs en panicule. *S. Otites* Sm. (S. à petites fleurs). Lieux sablonneux. ♃ Mai-août.

Fleurs en grappe unilatérale. *S. gallica* L. (S. de France). Champs, coteaux sablonneux. ① Juin-juillet.

188. LYCHNIS [Lychnide].

1. Pétales roses, laciniés; fleurs hermaphrodites. *L. Flos-cuculli* L. (L. fleur du coucou). Prés et bois humides. ♃ Mai-juin.

Pétales seulement bifides; fleurs ordinairement dioïques. 2

2. Fleurs blanches; plante velue-glanduleuse. *L. vespertina* Sibth. (L. du soir). Haies, bords des champs, murs. ♃ Juin-septembre.

Fleurs rouges; plante non glanduleuse. *L. diurna* Sibth. (L. du jour). Haies, bois. ♃ Avril-juin.

189. AGROSTEMMA [Nielle].

Fleurs grandes, purpurines. *A. Githago* L. (N. des blés). Moissons. ① Juin-juillet.

11

190. BUFFONIA [Buffonie].

Graines fortement tuberculeuses. *B. macrosperma*
Gay. (B. à grosses graines). Lieux pierreux calcaires. ⊙ Juillet-août.

191. SAGINA [Sagine].

1. Fleurs à cinq divisions. 2
Fleurs à quatre divisions. 3

2. Pétales ne dépassant pas le calice. *S. subulata* Wim.
(S. subulée). Pelouses sablonneuses humides. ♃
Mai-août.
Pétales deux fois plus longs que le calice. *S. nodosa*
Fenzl. (S. noueuse). Lieux sablonneux humides.
♃ Juin-juillet.

3. Sépales appliqués sur le fruit et un peu plus courts
que lui. *S. patula* Jord. (S. étalée). Lieux sablonneux. ⊙ Mai-septembre.
Sépales étalés. 4

4. Tiges couchées-radicantes. *S. procumbens* L. (S.
couchée). Pelouses humides. ♃ Mai-septembre.
Tiges jamais radicantes. *S. apetala* L. (S. sans pétales). Champs sablonneux, murs frais. ♃ Mai-
septembre.

192. SPERGULA [Spargoute].

1. Feuilles munies d'un sillon en dessous; graines subglobuleuses. **2**

Feuilles dépourvues de sillon en dessous; graines
comprimées. **3**

2. Graines à bord étroit, chargées de papilles brunes.
S. vulgaris Bœning. (S. commune). Champs sablonneux. ① Mai-septembre.

Graines à bord membraneux égalant environ le quart
de la graine, dépourvues de papilles. *S. linicola*
Bor. (S. du lin). Cultures. ① Mai-septembre.

3. Graines à aile membraneuse, blanche-argentée, aussi
large que la graine. *S. pentandra* L. (S. à cinq
étamines). Schistes. ① Mars-mai.

Graines à aile fauve-blanchâtre, un peu moins large
que la graine. *S. Morisonii* Bor. (S. de Morison).
Schistes. ① Mars-mai.

193. SPERGULARIA [Spergulaire].

Rameaux fleuris feuillés; sépales dépourvus de nervure dorsale verte. *S. rubra* Pers. (S. rouge). Lieux
sablonneux. ① Mai-septembre.

Rameaux fleuris non feuillés; sépales munis d'une
nervure dorsale verte, saillante. *S. segetalis* Fenzl.
(S. des moissons). Moissons sablonneuses. ① Mai-
juin.

194. ALSINE [Alsine].

1. Plante tout-à-fait glabre. *A. tenuifolia* Crantz. (A. à
feuilles menues). Champs, murs. ① Mai-août.

Plante plus ou moins velue-glanduleuse. **2**

2. Des poils glanduleux sur le calice seulement ; pétales
de moitié plus courts que le calice. *A. laxa* Jord.
(A. lâche). Lieux sablonneux. ① Mai-août.

Des poils glanduleux sur le calice et sur les rameaux ;
pétales égalant presque le calice. *A. hybrida* Jord.
(A. hybride). Lieux secs sablonneux. ① Mai-
août.

195. ARENARIA [Sabline].

1. Pétales dépassant le calice.   2
Pétales plus courts que le calice.   3

2. Pédoncules rameux, en panicule. *A. controversa*
Boiss. (S. controversée). Champs pierreux calcaires. ② Mai-juin.

Pédoncules uniflores, axillaires. *A. montana* L. (S.
de montagne). Haies, taillis, landes. ♃ Juin-
août.

3. Capsule sub-globuleuse, brusquement contractée
au sommet. *A. serpyllifolia* L. (S. à feuilles de
serpolet). Lieux pierreux, murs. ① Mai – septembre.

Capsule ovoïde, presque insensiblement atténuée.
A. leptoclados Guss. (S. à tige grèle). Lieux pierreux, murs. ① Mai-septembre.

196. MOEHRINGIA [Mœhringie].

Feuilles ciliées. *M. trinervia* Clairv. (M. trinervée).
Bois, lieux ombragés. ♃ Juin-août.

197. HOLOSTEUM [Holostée].

Pédicelles longs, réfractés après la floraison, puis redressés. *H. umbellatum* L. (H. en ombelle). Champs, vignes, murs. ⓘ Mars-mai.

198. STELLARIA [Stellaire].

1. Fleurs dépourvues de pétales. *S. borœana* Jord. (S. de Boreau). Murs, décombres. ⓘ Avril-mai.
Fleurs munies de pétales.   2

2. Feuilles inférieures pétiolées.   3
Feuilles toutes sessiles.   4

3. Cinq étamines. *S. media* Vill. (S. moyenne). Jardins, murs. ⓘ Février-novembre.
Dix étamines. *S. neglecta* Weihe. (S. négligée). Haies, lieux frais. ⓘ Avril-mai.

4. Pétales une fois plus longs que le calice. *S. Holostea* L. (S. Holostée). Haies, taillis. ♃ Avril-mai.
Pétales n'étant pas une fois plus longs que le calice.   5

5. Bractées ciliées aux bords. *S. graminea* L. (S. gra-minée). Haies, buissons. ♃ Mai-août.
Bractées scarieuses aux bords, glabres. *S. uliginosa* Murr. (S. des fanges). Lieux tourbeux, surtout dans les schistes. ⓘ Mai-septembre.

199. CERASTIUM [Céraiste].

1. Fleurs à quatre divisions ; plante glauque. *C. qua-*

ternellum Fenzl. (C. quaternaire). Pelouses sèches sablonneuses. ① Avril-mai.

Plante à divisïons quinaires.   2

2. Pétales à limbe étalé, deux ou trois fois plus longs que le calice. *C. arvense* L. (C. des champs). Champs pierreux. ♃ Avril-juin.

Pétales n'étant pas deux fois plus longs que le calice.   3

3. Plante munie de rejets radicants stériles ; racine pérennante. *C. vulgatum* L. (C. commun). Champs, prés, murs. ♃ Mai-octobre.

Point de rejets stériles ; plantes annuelles.   4

4. Sépales munis de longs poils roux. *C. brachypetalum* Desp. (C. à courts pétales). Coteaux pierreux, lieux incultes. ① Avril-juillet.

Non.   5

5. Bractées largement scarieuses dans leur moitié supérieure, denticulées. *C. semidecandrum* L. (C. à cinq étamines). Pelouses sèches. ① Avril-mai.

Bractées herbacées ou à peine scarieuses sur les bords.   6

6. Pédicelles une à deux fois plus longs que le calice. *C. obscurum* Chaub. (C. obscur). Pelouses calcaires sèches. ① Avril-mai.

Pédicelles plus courts que le calice. *C. glomeratum* Thuill. (C. congloméré). Champs, lieux cultivés. ① Avril-juillet.

200. MALACHIUM [Malaquie].

Feuilles en cœur, ovales-acuminées, pétiolées. *M. aquaticum* Fries. (M. aquatique). Lieux couverts, bords des eaux. ♃ Juin-septembre.

201. CORRIGIOLA (Corrigiole).

Fleurs blanches ou rosées. *C. littoralis* L. (C. des rivages). Champs sablonneux, bords des étangs. ① Juin-octobre.

202. HERNIARIA [Herniaire].

Calice glabre; feuilles très-glabres ou ciliées à la base. *H. glabra* L. (H. glabre). Lieux secs et arides. ♃ Mai-août.

Plante couverte de poils; feuilles bordées de longs cils; divisions du calice terminées par une soie. *H. hirsuta* L. (H. hérissée). Lieux secs. ♃ Mai-août.

203. ILLECEBRUM [Illécèbre].

Lobes du périanthe pliés en cornet. *I. verticillatum* L. (I. verticillé). Lieux humides et sablonneux. ① Juillet-septembre.

204. POLYCARPON [Polycarpe].

Fleurs verdâtres. *P. tetraphyllum* L. (P. à quatre feuilles). Lieux sablonneux. ① Mai-août.

205. SCLERANTHUS [Gnavelle].

1. Divisions de la fleur à lobes largement blancs-membraneux, connivents après la floraison. *S. perennis* L. (G. vivace). Coteaux schisteux, arides. ⚥ Mai.
Divisions de la fleur non conniventes après la floraison ; plantes annuelles.   2

2. Divisions de la fleur ouvertes après la floraison ; tige de un à deux décimètres. *S. annuus* L. (G. annuelle). Cultures, pelouses sablonneuses. ① Avril-septembre.
Divisions de la fleur dressées, tubuleuses après la floraison ; tige de un à dix centimètres.   3

3. Deux étamines fertiles. *S. verticillatus* Tausch. (G. verticillée). Pelouses arides calcaires. ① Avril-mai.
Cinq étamines fertiles. *S. biennis* Reut. (G. bisannuelle). Schistes, lieux sablonneux arides. ② Mai.

206. PORTULACA [Pourpier].

Fleurs jaunes. *P. oleracea* L. (P. potager). Lieux cultivés, coteaux sablonneux. ① Juin-octobre.

207. MONTIA [Montie].

Graines fortement tuberculeuses ; feuilles jaunâtres ; plante de 3-6 centimètres. *M. minor* Gmel. (M. naine). Pelouses humides et sablonneuses. ① Avril-septembre.
Graines chagrinées ; feuilles vertes ; plante de 1-2

décimètres. *M. rivularis* Gmel. (**M.** des ruisseaux).
Fontaines, filets d'eau des terrains siliceux. ①
Avril-septembre.

208. ELATINE [Elatine].

1. Feuilles verticillées, sessiles. *E. Alsinastrum* L. (E.
   fausse alsine). Etangs, marais. ① Mai-août.
   Feuilles opposées.   2

2. Fleurs à trois divisions. *E. hexandra* DC. (E. à six
   étamines). Bords des rivières, des étangs. ① Juin-
   septembre.
   Fleurs à quatre divisions. *E. major* Braun. (E. majeure). Bords des étangs. ① juin-septembre.

209. MERCURIALIS [Mercuriale].

Plante glabre. *M. annua* L. (M. annuelle). Cultures,
   jardins. ① Mai-octobre.
Plante pubescente-rude. *M. perennis* L. (M. vivace).
   Bois. ♃ Mars-mai.

210. EUPHORBIA [Euphorbe].

1. Glandes de l'involucre arrondies en avant.   2
   Glandes de l'involucre en croissant.   14

2. Feuilles éparses.   3
   Feuilles opposées et en croix. *E. Lathyris* L. (E.
   Epurge). Lieux cultivés, haies de jardins. ②
   Juin-juillet.

11*

3. Capsules munies de tubercules saillants.   6
    Capsules lisses ou seulement ponctuées.   4

4. Feuilles linéaires très - entières. *E. gerardiana*
    Jacq. (E. de Gérard). Lieux secs, pierreux. ♃
    Mai-juillet.
    Feuilles plus ou moins élargies.   5

5. Feuilles obovales-cunéiformes, arrondies ou échan-
    crées au sommet, glabres ou presque glabres. *E.*
    Helioscopia L. (E. réveille-matin). Lieux cultivés,
    jardins. ☉ Juin-octobre.
    Feuilles oblongues-lancéolées, velues sur les deux
    faces.   9

6. Feuilles entières ou à peine dentelées.   7
    Feuilles finement dentées en scie ou très-velues sur
    les deux faces..   9

7. Racine grêle, rampante, munie çà et là de nodo-
    sités; glandes rouges ou jaunes à la floraison. .   9
    Souche très-épaisse; glandes brunes.   8

8. Ombelle à rayons nombreux, trifurqués, à rameaux
    bifurqués. *E. palustris* L. (E. des marais). Prés
    humides ou marécageux. ♃ Mai-juin.
    Ombelle le plus souvent à cinq rayons une ou deux
    fois bifurqués. *E. hyberna* L. (E. d'Irlande). Bois.
    ♃ Avril-juin.

9. Racine rampante, munie çà et là de nodosités; tige
    grêle.   10
    Non.   11

10. Glandes rouges pendant la floraison ; tige arrondie.
    E. dulcis L. (E. douce). Bois montueux. ♃ Avril-
    juin.
    Glandes jaunes ; tige anguleuse dans le haut. *E.
    angulata* Jacq. (E. anguleuse). Bois. ♃ Mai-
    juin.

11. Tige portant de nombreux rameaux floraux au-
    dessous de l'ombelle. 13
    Tige dépourvue de rameaux floraux ou n'en ayant
    qu'un ou deux. 12

12. Capsule glabre, couverte de tubercules cylindri-
    ques. *E. verrucosa* L. (E. verruqueuse). Prés,
    talus calcaires ou argileux. ♃ Juin.
    Capsule parsemée de quelques poils longs et ca-
    ducs, lisse ou un peu tuberculeuse. *E. pilosa* L.
    (E. poilue). Bois. ♃ Mai-juin.

13. Capsule globuleuse à coques séparées par des sillons
    superficiels et à tubercules hémisphériques. *E.
    platyphyllos* L. (E. à larges feuilles). Haies,
    lieux pierreux. ⊤ Juin-juillet.
    Capsule trigone à coques séparées par des sillons
    profonds et à tubercules cylindriques. *E. stricta*
    L. (E. raide). Haies, fossés. ⊤ ou 2 Juin-
    juillet.

14. Feuilles bractéales soudées jusqu'à leur milieu ;
    feuilles ordinairement velues et très-rappro-
    chées au milieu de la tige. *E. amygdaloïdes* L.
    (E. amandier). Bois, haies. ♃ Mai-juin.
    Feuilles bractéales non soudées. 15

15. Feuilles linéaires très-étroites.   16
    Feuilles n'étant pas linéaires-étroites.   17

16. Ombelle à rayons nombreux. *E. Cyparissias* L.
    (E. cyprès). Lieux stériles sablonneux. ♃ Mai-
    juillet.
    Ombelle à cinq rayons au plus. *E. exigua* L. (E.
    fluette). Cultures. ① Juin-septembre.

17. Feuilles, au moins les supérieures, mucronées. *E.
    falcata* L. (E. à feuilles en faulx). Champs pier-
    reux calcaires ou argileux. ① Juin-juillet.
    Feuilles non mucronées. *E. Peplus* L. (E. Peplus).
    Lieux cultivés, jardins. ① Juin-septembre.

211. MALVA [Mauve].

1. Pédoncules solitaires, axillaires.   2
   Pédoncules fasciculés à l'aisselle des feuilles.   3

2. Calicule à folioles ovales-aiguës. *M. Alcea* L. (M.
   Alcée). Haies, bois. ♃ Juillet-septembre.
   Calicule à folioles linéaires, atténuées aux deux
   bouts. *M. moschata* L. (M. musquée). Prés, bords
   des bois. ♃ Juillet-septembre.

3. Pétales purpurins, veinés, deux ou trois fois plus
   longs que le calice. *M. sylvestris* L. (M. sauvage).
   Haies, décombres, champs. ♃ Juin-septembre.
   Pétales d'un blanc rosé, une ou deux fois plus longs
   que le calice.   4

4. Calicule à folioles linéaires-aiguës. *M. rotundifolia* L. (L. à feuilles rondes). Chemins, décombres, champs, jardins. ① Juin-octobre.
Calicule à folioles ovales. *M. nicæensis* All. (M. de Nice). Lieux incultes, pied des murs, décombres. ① Juin-août.

212. ALTHÆA [Guimauve].

1. Plante mollement tomenteuse ; pédoncules plus courts que les feuilles. *A. officinalis* L. (G. officinale). Bords des eaux, prés. ♃ Juin-septembre.
Plante rude ; pédoncules plus longs que les feuilles.   2

2. Pétales une fois plus longs que le calice. *A. cannabina* L. (G. à feuilles de chanvre). Haies, bords des chemins du calcaire. ♃ Juin-septembre.
Pétales à peine plus longs que le calice. *A. hirsuta* L. (G. hérissée). Champs incultes, haies du calcaire. ① Juin-juillet.

213. TILIA [Tilleul].

Fleurs odorantes. *T. parvifolia* Ehrh. (T. à petites feuilles). Bois. Juillet.

214. HYPERICUM [Millepertuis].

1. Tiges couchées, quelquefois redressées. *H. humifusum* L. (M. couché). Terrains sablonneux, haies, champs après la moisson. ♃ Mai-septembre.
Tiges droites   2

2. Plante velue. *H. hirsutum* L. (M. hérissé). Haies,
bois. ♃ Juin-juillet.
Plante glabre. 3

3. Sépales dentés ou ciliés-glanduleux. 4
Sépales non ciliés-glanduleux. 6

4. Sépales ovales-obtus. *H. pulchrum* L. (M. élégant).
Bois, landes. ♃ Juin-août.
Sépales aigus. 5

5. Feuilles élargies, peu nombreuses. *H. montanum* L.
(M. de montagne). Bois montueux. ♃ Juin-juillet.
Feuilles étroites. *H. linearifolium* Vahl. (M. à
feuilles linéaires). Bois, bruyères des terrains siliceux. ♃ Juin-août.

6. Tige à quatre angles ailés. *H. tetrapterum* Fries. (M.
à quatre ailes). Bords des eaux. ♃ Juin-août.
Tige arrondie ou pourvue seulement de deux ailes. . 7

7. Pétales d'un jaune clair, chargés sur le dos de linéoles
noires ; pédicelles plus courts que le calice. *H. li-
neolatum* Jord. (M. linéolé). Rocailles calcaires.
♃ Juillet-août.
Pétales jaunes, non rayés de noir ; pédicelles plus
longs que le calice. *H. perforatum* L. (M. perforé).
Lieux secs et incultes, bois, haies, pâturages. ♃
Juin-août.

215. ELODES [Elode].

Feuilles pubescentes-grisâtres. *E. palustris* Spach.

(E. des marais). Marais tourbeux. ♃ Juillet-septembre.

216. ANDROSÆMUM [Androsème].

Baie noire à la maturité. *A. officinale* All. (A. officinal). Bois. ♃ Juin-juillet.

217. HELIANTHEMUM [Helianthème].

1. Fleurs blanches. *H. pulverulentum* DC. (H. pulvérulent). Coteaux calcaires. ♃ Mai-août.
Fleurs jaunes. 2

2. Plante ligneuse au moins à la base. *H. vulgare* Gærtn. (H. commun). Coteaux et pelouses surtout du calcaire. ♃ Juin-août.
Plante annuelle; tige herbacée. 3

3. Fleurs munies de bractées. *H. salicifolium* Pers. (H. à feuilles de saule). Coteaux calcaires. ① Mai.
Fleurs dépourvues de bractées. *H. guttatum* Mill. (H. taché). Coteaux secs surtout dans les terrains sablonneux. ① Juin-août.

218. FUMANA [Fumane].

Poils appliqués ou crispés, non glanduleux. *F. procumbens* GG. (F. tombant). Coteaux pierreux calcaires. ♃ Juin.

219. DROSERA [Rossolis].

Fleurs petites, en épi. *D. rotundifolia* L. (R. à

feuilles rondes). Marais, lieux spongieux, tourbeux. ♃ ou ① Juin-juillet.

220. PARNASSIA [Parnassie].

Fleur grande, solitaire. *P. palustris* L. (P. des marais). Prés marécageux ou tourbeux. ♃ Juillet-
octobre.

221. VIOLA [Violette].

1. Sépales obtus.   2
   Sépales linéaires aigus.   8

2. Plante émettant des rejets rampants feuillés. . . .   3
   Plante sans rejets rampants.   7

3. Fleurs blanches, à éperon d'un jaune verdàtre. *V.
   virescens* Jord. (V. verdoyante). Bord des bois,
   haies. ♃ Mars-avril.
   Eperon jamais d'un jaune verdàtre.   4

4. Feuilles adultes arrondies au sommet, très-obtuses ;
   fleurs odorantes.   5
   Feuilles adultes ovales, atténuées au sommet; fleurs
   inodores.   6

5. Fleurs d'un bleu foncé ou blanches; capsule globuleuse. *V. odorata* L. (V. odorante). Haies, prés,
   lieux frais. ♃ Février-avril.
   Fleurs lilas ou carnées; capsule ovoïde. *V. sub-
   carnea* Jord. (V. couleur de chair). Haies, buissons. ♃ Février-avril.

6. Stipules élargies à cils plus courts que leur largeur ;
   fleurs d'un bleu lilas ; graines presque toutes
   avortées. *V. abortiva* Jord. (V. avortée). Haies,
   broussailles. ♃ Mars-avril.
   Stipules linéaires à cils égalant à peu près leur largeur : fleurs d'un bleu violet, largement blanches
   à la gorge ; graines nombreuses. *V. scotophylla*
   Jord. (V. à feuilles foncées). Haies, broussailles.
   ♃ Mars-avril.

7. Fleurs d'un bleu violet. *V. hirta* L. (V. hérissée).
   Haies, champs secs calcaires. ♃ Mars-mai.
   Fleurs d'un lilas clair. *V. Foudrasi* Jord. (V. de
   Foudras). Bois, prés frais. ♃ Mars.

8. Stigmate aigu ; stipules entières ou seulement incisées.   9
   Stigmate en entonnoir ; stipules très-découpées. . 13

9. Eperon jaune ou jaunâtre. *V. canina* L. (V. des
   chiens). Landes et bruyères. ♃ Avril-juin.
   Eperon jamais jaune. 10

10. Feuilles ovales-élargies, en cœur à la base, atténuées
    au sommet. 11
    Feuilles peu ou point en cœur à la base, ovales-
    oblongues. 12

11. Fleurs d'un violet clair ; éperon ordinairement blan-
    châtre. *V. riviniana* Rchb. (V. de Rivin). Bois,
    haies. ♃ Avril-mai.
    Fleurs et éperon d'un violet lilas. *V. reichenba-*

chiana Jord. (V. de Reichenbach). Bois, haies. ♃ Avril-mai.

12. Stipules étroites, ne ressemblant pas aux feuilles. *V. lancifolia* Thore. (V. fer de lance). Bruyères et landes. ♃ Avril-juin.

Stipules supérieures semblables aux feuilles. *V. pratensis* Mert. et Koch. (V. des prés). Prés argileux humides. ♃ Mai-juin.

13. Stipules à lobe terminal foliacé et denté. *V. segetalis* Jord. (V. des moissons). Moissons. ① Mai-septembre.

Stipules à lobe terminal peu ou point denté. . . . **14**

14. Eperon dépassant sensiblement les appendices du calice.. **15**

Eperon ne dépassant point ou dépassant peu les appendices du calice. *V. ruralis* Jord. (V. rurale). Lieux cultivés. ① Mai-septembre.

15. Plante très-petite dans toutes ses parties ; feuilles ovales-obtuses. *V. nana.* (V. naine). Vignes dans le calcaire. ① Avril-mai.

Fleurs assez grandes ; feuilles supérieures oblongues. *V. Provostii* Bor. (V. de Provost). Champs incultes. ① Avril-septembre.

222. SALIX [Saule].

1. Des chatons ne portant que des pistils. 2

Des chatons ne portant que des étamines. 10

2. Ecailles des chatons concolores ; capsules glabres.   3
   Ecailles des chatons brunes au sommet ; capsules
   rarement glabres.   5

3. Ecailles caduques avant la maturité des capsules.   4
   Ecailles persistantes. *S. triandra* L. (S. à trois étamines). Bord des eaux. Avril-mai.

4. Styles de 1-2 millimètres, un peu plus longs que les
   stigmates bifides et en croix ; feuilles vertes et
   luisantes en dessus, plus pâles et velues-soyeuses
   en dessous, à la fin glabres. *S. fragilis* L. (S.
   fragile). Bord des eaux. Avril-Mai.
   Styles très-courts ; stigmate échancré ou bilobé,
   feuilles blanches-soyeuses surtout en dessous. *S.
   alba* L. (S. blanc). Bord des eaux. Avril-mai.

5. Stipules réniformes.   6
   Stipules lancéolées-linéaires ou lancéolées-aiguës.   9

6. Feuilles lancéolées-oblongues, blanches, tomenteuses en dessous ; style aussi long ou plus long
   que les stigmates. *S. rugosa* Sm. (S. rugueux).
   Vignes de Thouars. Avril-mai.
   Feuilles arrondies-obovales ou oblongues-obovales ;
   style très-court.   7

7. Feuilles oblongues-élargies, pubescentes ou glabrescentes en dessous, obtuses ou brièvement acuminées par une pointe droite. *S. cinerea* L. (S.
   cendré). Haies, bois, lieux frais. Mars-avril.
   Feuilles obovales ou arrondies, tomenteuses en dessous, obtuses ou terminées par une pointe oblique.   8

8. Feuilles glabres, lisses et luisantes en dessus. *S. capræa* L. (S. marceau). Lieux boisés. Avril.
Feuilles rugueuses et pubescentes en dessus. *S. aurita* L. (S. à oreillettes). Lieux humides des landes et des bois. Avril.

9. Feuilles ovales ou elliptiques ; arbuste rampant, à rameaux radicants. *S. repens* L. (S. rampant). Lieux marécageux. Avril-mai.
Feuilles linéaires-acuminées, très-longues ; arbrisseau dressé. *S. viminalis* L. (S. des vanniers). Bord des eaux. Avril-mai.

10 Trois étamines. *S. triandra* L. 3
Deux étamines. 11

11. Chatons naissant avant les feuilles. 12
Chatons naissant avec ou après les feuilles. 16

12. Ecailles rétrécies à la base. 13
Ecailles non ou à peine rétrécies à la base. 15

13. Ecailles arrondies au sommet, en spatule. 7
Ecailles pointues. 14

14. Feuilles ovales. *S. capræa* L. 8
Feuilles lancéolées. *S. rugosa* Sm. 6

15. Ecailles ovales, aiguës, acuminées presque dès la base. *S. aurita* L. 8
Ecailles obtuses ou à peine pointues. 9

16. Etamines à filets poilus. *S. alba* L. 4
Etamines à filets glabres. *S. fragilis* L. 4

223. POPULUS [Peuplier].

1. Etamines 12 ou plus; écailles des chatons glabres;
   jeunes pousses glabres et souvent luisantes. *P.
   nigra* L. (P. noir). Bord des eaux et des prés.
   Mars-avril.
   Etamines 8 ; écailles des chatons velues-ciliées; jeunes
   pousses pubescentes, laineuses ou hérissées. . . .   2

2. Feuilles très-blanches-tomenteuses en dessous, d'un
   vert foncé en dessus. *P. alba* L. (P. blanc). Lieux
   frais. Mars-avril.
   Feuilles glabres ou velues, mais non très-blanches en
   dessous.   3

3. Stigmates bifides; feuilles adultes glabres sur les
   deux faces. *P. Tremula* L. (P. Tremble). Bois humides. Mars-avril.
   Stigmates à lobes palmés ou en éventail; feuilles
   d'abord blanches-grisâtres, puis glabrescentes et
   glauques en dessous. *P. canescens* Sm. (P. blanchâtre). Lieux frais, haies, bois. Mars-avril.

224. MENYANTHES [Ményanthe].

Fleurs rosées, poilues intérieurement. *M. trifoliata*
   L. (M. à trois folioles). Lieux fangeux et tourbeux.
   ♃ Avril-mai.

225. LIMNANTHEMUM [Limnanthème].

Fleurs jaunes, ciliées. *L. nymphoïdes* Link. (L. faux
   nénuphar). Etangs. ♃ Juillet-septembre.

12

226. CHLORA [Chlore].

Lobes du calice ovales-lancéolés. *C. perfoliata* L. (C. perfoliée). Coteaux argilo-calcaires. ① Juin-août.

Lobes du calice linéaires-aigus. *C. imperfoliata* L. f. (C. imperfoliée). Landes, pâturages humides. ① Juin-septembre.

227. GENTIANA [Gentiane].

Plante vivace. *G. Pneumonanthe* L. (G. Pneumonanthe). Landes et prés humides. ♃ Août-septembre.

228. CICENDIA [Cicendie].

Fleurs roses. *C. pusilla* Griseb. (C. fluette). Lieux mouillés l'hiver, landes humides. ① Juillet-août.

229. MICROCALA [Microcale].

Fleurs jaunes. *M. filiformis* Link. (M. filiforme). Pelouses humides, bois et landes. ① Juin-septembre.

230. ERYTHRÆA [Erythrée].

Fleurs pédonculées ; corolle à lobes aigus. *E. pulchella* Horn. (E. élégante). Lieux mouillés l'hiver. ② Juin-août.

Fleurs presque sessiles ; corolle à lobes obtus. *E. Centaurium* Pers. (E. petite Centaurée). Bois, pâturages. ② Juin-août.

231. OROBANCHE [Orobanche].

1. Stigmate jaune. 2
   Stigmate violacé ou d'un pourpre foncé. 6

2. Filets des étamines glabres à la base. *O. rapum*
   Thuill. (O. rave). Sur les racines de *Sarotham-*
   nus scoparius. ♃ Mai-juin.
   Filets des étamines plus ou moins velus à la base. . 3

3. Corolle rouge de sang à l'intérieur. 4
   Non. 5

4. Sépales bifides; étamines insérées à la base de la
   corolle. *O. cruenta* Bertol. (O. sanglante). Sur
   les racines des *papilionacées.* ♃ Mai-juin.
   Sépales presque toujours entiers; étamines insérées
   au-dessus de la base de la corolle. *O. Ulicis* Des-
   moul. (O. de l'Ajonc). Sur les racines des *Ulex.*
   ♃ Mai-juin.

5. Sépales sub-uninerviés, entiers, rarement bifides;
   corolle d'un jaune pâle, veinée de violet ou de
   bleuâtre. *O. Hederæ* Vauch. (O. du Lierre). Sur
   les racines du *lierre.* ♃ Juin-août.
   Sépales trinerviés, à deux lobes acuminés; fleurs
   jaunes ainsi que toute la plante. *O. unicolor* Bor.
   (O. unicolore). Pelouses, sur les *papilionacées.*
   ♃ Juin.

6. Lèvre supérieure de la corolle échancrée ou découpée. 7
   Lèvre supérieure de la corolle entière. 10

7. Etamines munies à la base de poils abondants. *O. Galii* Vauch. (O. du Gaillet). Sur les *Galium*, haies, bord des bois. ⚥ Mai-juin.
Etamines n'ayant à la base que quelques poils épars.   8

8. Etamines insérées près de la base de la corolle. *O. epithymum* DC. (O. du Serpollet). Sur *Thymus Serpyllum*, dans le calcaire. ⚥ Mai-juin.
Etamines insérées beaucoup au-dessus de la base de la corolle.   9

9. Corolle arquée régulièrement sur le dos, à limbe obtusément denticulé; lèvre inférieure à trois lobes presque égaux. *O. minor* Sutt. (O. mineure). Sur le *trèfle des prés* et autres plantes. ① Juin.
Corolle brusquement courbée vers son tiers inférieur, à limbe bordé de denticules très-prononcées et aiguës; lèvre inférieure à lobe médian bi-trifide, du double plus grand que les autres. *O. amethystea* Thuill. (O. Améthyste). Sur *Eryngium campestre*, dans le calcaire. ⚥ Juin-juillet.

10. Etamines insérées à 3-4 millimètres au-dessus de la base de la corolle; lèvres ciliées. *O. Teucrii* Hol. (O. de la Germandrée). Sur *Teucrium chamædrys*, dans le calcaire. ⚥ Mai-juin.
Etamines insérées presque au milieu du tube de la corolle; lèvres non ciliées. *O. Picridis* Vauch. (O. de la Picride). Lieux secs, sur *Picris hieracioïdes*. ⚥ Juin.

232. PHELIPÆA [Phélipée].

Fleurs bleuâtres. *P. ramosa* Meyer. (P. rameuse). Sur les racines du *chanvre* et d'autres plantes. ① Mai-septembre.

233. LATHRÆA [Lathrée].

Corolle blanche ou rosée. *L. squammaria* L. (L. écailleuse). Parasite sur les racines du *lierre* et autres plantes. ♃ Mars-avril.

234. CLANDESTINA [Clandestine].

Corolle violet-pourpre. *C. rectiflora* Lam. (C. à fleurs dressées). Lieux humides, au pied des arbres. ♃ Avril-mai.

235. MELAMPYRUM [Melampyre].

1. Calice à divisions plus courtes que le tube de la corolle. 2
Calice à divisions égalant la longueur du tube de la corolle. *M. arvense* L. (M. des champs). Moissons calcaires. ① Juin-juillet.

2. Fleurs en épi très-compacte, quadrangulaire, avec les angles relevés en crêtes; tige pubescente. *M. cristatum* L. (M. à crêtes). Clairières des bois calcaires. ① Juin.
Fleurs disposées par paires, en grappes trés-lâches, unilatérales; plante presque glabre. *M. pratense* L. (M. des prés). ① Bois. Juin-août.

236. PEDICULARIS [Pédiculaire].

Tige dressée, solitaire, rameuse dans sa moitié inférieure. *P. palustris* L. (P. des marais). Marais
tourbeux. ♃ Mai-juin.
Tiges nombreuses, simples, la centrale dressée, les
latérales étalées-diffuses. *P. sylvatica* L. (P. des
bois). Landes et prés humides. ② Avril-juin.

237. RHINANTHUS [Rhinanthe].

Calice velu ; graines trois fois plus larges que le bord
qui les entoure. *R. hirsutus* Lam. (R. velu). Bords
des champs, bruyères. ① Mai-juin.
Calice glabre ou légèrement pubescent; graines à
peine une fois plus larges que le bord qui les entoure. *R. major* Ehrh. (R. majeure). Prés. ①
Mai-juin.

238. EUFRAGIA [Eufragie].

Fleurs jaunes. *E. viscosa* Benth. (E. visqueuse).
Champs, moissons, prés, fossés. ① Juin-septembre.

239. TRIXAGO [Trixagine].

Fleurs blanches ou rosées. *T. apula* Stev. (T. de la
Pouille). Champs arides. ① Mai-juillet.

240. EUPHRASIA [Euphraise].

1. Calice muni de poils glanduleux.   2
   Calice dépourvu de poils glanduleux.   3

2. Calice fructifère dépassant la feuille florale. *E. cam-*
    pestris Jord. (E. champêtre). Bord des bois. ①
    Août-octobre.
    Calice fructifère ne dépassant pas la feuille florale.
    E. officinalis L. (E. officinale). Prés et pelouses.
    ① Juin-septembre.

3. Tube de la corolle plus long que les lèvres. *E. gra-*
    cilis Fries. (E. grêle). Pelouses, landes. ① Mai-
    août.
    Tube plus court que les lèvres.   4

4. Feuilles inférieures à dents obtuses. *E. rigidula* Jord.
    (E. raide). Pâturages, bois. ① Août-septembre.
    Feuilles inférieures à dents aiguës. *E. ericetorum*
    Jord. (E. des landes). Pâturages, bruyères. ①
    Août-septembre.

241. ODONTITES [Odontite].

1. Fleurs d'un beau jaune. *O. lutea* Rchb. (O. jaune).
    Lieux incultes des coteaux calcaires. ① Juillet-
    septembre.
    Fleurs n'étant pas d'un beau jaune.   2

2. Fleurs d'un jaune pâle, quelquefois rougeâtre, à
    lèvres conniventes; style ne dépassant pas la co-
    rolle. *O. jaubertiana* Bor. (O. de Jaubert). Champs
    calcaires. ① Septembre-octobre.
    Fleurs rosées à lèvres écartées; style dépassant la co-
    rolle.   3

3. Feuilles élargies à la base et insensiblement atténuées; rameaux ascendants. *O. rubra* Pers. (O.
rouge). Champs. ① Mai-juillet.

Feuilles atténuées à la base; rameaux étalés. *O. serotina* Rchb. (O. tardive). Champs, bois. ① Août-
octobre.

242. SCROPHULARIA [Scrofulaire].

Feuilles ovales-aiguës, à dents de la base plus longues et plus aiguës. *S. nodosa* L. (S. noueuse).
Haies, taillis. ♃ Mai-juillet.

Feuilles inférieures arrondies au sommet, à crénelures
de la base plus petites. *S. aquatica* L. (S. aquatique). Fossés, lieux humides. ♃ Mai-septembre.

243. GRATIOLA [Gratiole].

Fleurs blanches ou rosées, à tube jaunâtre. *G. officinalis* L. (G. officinale). Lieux humides et marécageux. ♃ Juin-septembre.

244. DIGITALIS [Digitale].

Fleurs purpurines ou rosées; tige velue. *D. purpurea* L. (D. pourpre). Champs granitiques et schisteux. ② Juin-août.

Fleurs d'un jaune pâle; tige glabre. *D. lutea* L. (D.
jaune). Rocailles, bois, talus calcaires. ② Juin-
août.

245. ANTIRRHINUM [Muflier].

Fleurs purpurines, plus courtes que le calice. *A.*

Orontium **L.** (M. rubicond). Lieux cultivés. ① Juin-octobre.

246. LINARIA [Linaire].

1. Feuilles pétiolées. 2
   Feuilles sessiles. 4

2. Feuilles à limbe réniforme, en cœur, longuement pétiolées, glabres. *L. Cymballaria* L. (L. Cymbal-
   laire). Vieux murs. ♃ Mai-octobre.
   Feuilles brièvement pétiolées; plante velue. 3

3. Feuilles toutes ovales-orbiculaires. *L. spuria* Mill.
   (L. bâtarde). Lieux cultivés, jardins. ① Juin-octobre.
   Feuilles moyennes hastées, les supérieures sagittées. *L. Elatine* Desf. (L. Elatine). Champs pierreux. ① Juin-octobre.

4. Plante glabre. 5
   Plante pubescente-glanduleuse, au moins au sommet. 6

5. Fleurs d'un pourpre violet à palais rayé de blanc. *L.
   peliceriana* DC. (L. de Pélicier). Coteaux schisteux. ① Mai-septembre.
   Fleurs blanches ou jaunâtres, rayées de violet. *L.
   striata* DC. (L. striée). Lieux pierreux, bords des
   haies et des champs. ♃ Juin-septembre.
   Fleurs d'un violet pâle avec le palais jaune. 6

6. Corolle entièrement jaune. 7
   Corolle violette à palais jaune. 8

7. Fleurs en grappes spiciformes, terminales, serrées ;
    rameaux florifères dressés. *L. vulgaris* Mœnch. (L.
    commune). Lieux incultes, vignes. ♃ Juillet-sep-
    tembre.
    Rameaux diffus, couchés, puis redressés. *L. supina*
    Desf. (L. couchée). Champs secs. ① Juin-sep-
    tembre.

8. Corolle et capsule poilues-glanduleuses. *L. minor*
    Desf. (L. naine). Lieux cultivés, décombres. ①
    Juin-octobre.
    Corolle et capsules glabres. *L. prætermissa* Delastre.
    (L. oubliée). Lieux cultivés. ① Juin-septembre.

247. VERONICA [Véronique].

1. Fleurs en grappes opposées, axillaires. 2
    Fleurs en grappes alternes, axillaires. 8
    Fleurs solitaires axillaires ou en grappes terminales. 10

2. Feuilles glabres ; plantes aquatiques. 3
    Feuilles plus ou moins velues. 5

3. Feuilles très-obtuses. *V. Beccabunga* L. (V. Becca-
    bunga). Ruisseaux, fossés, fontaines. ♃ Mai-
    octobre.
    Feuilles aiguës. 4

4. Feuilles lancéolées ; pédoncules et pédicelles gla-
    bres. *V. Anagallis* L. (V. Mouron). Bord des
    eaux, fossés. ♃ Mai-septembre.
    Feuilles sublinéaires ; pédoncules et pédicelles poi-

lus-glanduleux. *V. anagalloïdes* Guss. (V. faux
mouron). Bord des eaux. ♃ Juin-septembre.

5. Lobes du calice et capsule glabres. *V. prostrata* L.
   (V. couchée). Coteaux calcaires. ♃ Mai-juin.
   Lobes du calice velus ou ciliés, ou capsule pubes-
   cente.   6

6. Fleurs d'un beau bleu.   7
   Fleurs petites, d'un bleu pâle, veinées ou blanches
   veinées de rose.   17

7. Calice à quatre divisions dépassant la capsule. *V.*
   Chamædrys L. (V. petit chêne). Haies, prés secs.
   ♃ Mai-juin.
   Calice à cinq divisions égalant presque la capsule.
   V. *Teucrium* L. (V. Teucriette). Pelouses sèches
   calcaires. ♃ Mai-juin.

8. Feuilles sessiles, linéaires-aiguës. *V. scutellata* L.
   (V. à écusson). Lieux humides ou marécageux.
   ♃ Mai-septembre.
   Feuilles plus ou moins pétiolées, ovales ou ovales-
   arrondies.   9

9. Capsule échancrée à la base et au sommet ; feuilles
   longuement pétiolées. *V. montana* L. (V. de montagne). Bois frais. ♃ Mai- juillet.
   Capsule atténuée à la base.   17

10. Tiges couchées souvent radicantes.   11
    Tiges droites non radicantes.   18

11. Feuilles glabres, un peu épaisses. *V. serpyllifolia*
L. (V. à feuilles de serpolet). Bois. pelouses hu-
mides. ♃ Juin-septembre.
Feui'les plus ou moins velues.   12

12. Pédicelles, au moins les supérieurs, plus longs que
le calice.   13
Pédicelles plus courts que le calice.   16

13. Lobes du calice triangulaires en cœur. *V. hederæ-*
folia L. (V. à feuilles de lierre). Champs cultivés,
jardins. ① Mars-mai.
Non.   14

14. Capsule comprimée, glabre ou presque glabre. *V.*
Buxbaumii Tenor. (V. de Buxbaum). Lieux cul-
tivés, prés, pied des murs. ① Mars-mai.
Capsule à lobes renflés.   15

15. Fleurs d'un bleu tendre; capsule pubescente. *V.*
polita Fries. (V. des cultures). Lieux cultivés,
jardins. ① Mars-octobre.
Fleurs ordinairement blanches; capsule pubescente-
glanduleuse. *V. agrestis* L. (V. rustique). Lieux
cultivés, jardins. ① Mars-octobre.

16. Tiges fortement radicantes à la base.   17
Tiges peu ou point radicantes. *V. arvensis* L. (V.
des champs). Champs, lieux cultivés. ① Avril-
juin.

17. Feuilles obovales ou arrondies, dentées-créne-

lées. *V. intermedia* Lej. (V. intermédiaire). Bois, pâturages, pelouses schisteuses. ♃ Mai-juillet.
Feuilles obovales-elliptiques ou oblongues, finement dentées en scie. *V. officinalis* L. (V. officinale). Bois, landes, pâturages. ♃ Mai-juillet.

18. Feuilles de la tige digitées. *V. triphyllos* L. (V. à trois lobes). Champs sablonneux. ① Mars-mai.
Feuilles de la tige entières ou dentées ou crénelées.   19

19. Fleurs presque sessiles. *V. arvensis* L. (V. des champs). Champs, lieux cultivés. ① Avril-juin.
Fleurs à pédicelles égalant au moins le calice. . . .   20

20. Feuilles fortement dentées ou crénelées; capsule oblongue et renflée. *V. praecox* L. (V. précoce). Lieux pierreux cultivés, vignes du calcaire. ①
Mars-mai.
Feuilles peu ou point dentées; capsule en cœur et comprimée. *V. acinifolia* L. (V. à feuilles d'Acinos). Champs en friche, moissons. ① Avril-mai.

248. LIMOSELLA [Limoselle].

Fleurs petites, rosées. *L. aquatica* L. (L. aquatique). Bord vaseux des rivières. ① Mai-septembre.

249. SOLANUM [Morelle].

1. Tige ligneuse, sarmenteuse; fleurs violettes. *S. Dulcamara* L. (M. Douce-amère). Haies humides, bord des eaux. ♃ Juin-août.
Tige herbacée; fleurs blanches.   2

2. Baies noires à la maturité. *S. nigrum* L. (M. noire).
    Lieux cultivés, décombres, pied des murs. ①
    Juin-octobre.

Baies vertes ou jaunâtres. *S. humile* Bernh. (M.
    basse). Lieux sablonneux. ① Juillet-octobre.

Baies d'un jaune citron. *S. ochroleucum* Bastard.
    (M. jaunâtre). Lieux incultes, décombres. ①
    Juillet-octobre.

Baies rouges. *S. miniatum* Bernh. (M. rouge). Lieux
    incultes, décombres. ① Juillet-octobre.

250. PHYSALIS [Coqueret].

Baies d'un beau rouge. *P. Alkekengi* L. (C. Alké-
    kenge). Vignes. ♃ Juin-septembre.

251. ATROPA [Atrope].

Baies noires. *A. Belladona* L. (A. Belladone). Bois.
    ♃ Juin-août.

252. DATURA [Datura].

Fleurs très-grandes, blanches. *D. Stramonium* L.
    (D. Stramoine). Jardins, lieux vagues. ① Juillet-
    septembre.

253. HYOSCIAMUS [Jusquiame].

Plante velue-visqueuse. *H. niger* L. (J. noire). Dé-
    combres, pieds des murs, lieux incultes. ① ou ②
    Mai-juillet.

254. VERBASCUM [Molène].

1. Etamines à poils blancs ou jaunâtres. 2
   Etamines à poils purpurins; corolle à gorge violette. 6

2. Inflorescence hispide-glanduleuse. 6
   Non. 3

3. Feuilles décurrentes le long de la tige. *V. Thapsus*
   L. (M. bouillon-blanc). Bords des chemins, haies
   pierreuses, murs. ② Juin-septembre.
   Feuilles non décurrentes. 4

4. Plante grisâtre à duvet court et persistant. *V. Lych-*
   nitis L. (M. Lychnite). Lieux incultes, champs pierreux. ② Juin-août.
   Duvet floconneux, s'enlevant par le contact; rameaux ouverts. 5

5. Feuilles crénelées, les supérieures subitement rétrécies en pointe oblique. *V. pulvinatum* Thuill. (M.
   poudreuse). Lieux incultes, bords des chemins.
   ② Juin-septembre.
   Feuilles non crénelées, toutes oblongues-aiguës. *V.*
   floccosum Waldst. et Kit. (M. floconneuse). Lieux
   incultes pierreux, bords des chemins. ② Juin-septembre.

6. Fleurs glabres. *V. Blattaria* L. (M. Blattaire). Bords
   des chemins, fossés, champs incultes. ② Juin-
   octobre.
   Feuilles velues ou pubescentes, au moins en-dessous. 7

7. Stigmate long, en massue. *V. Bastardi* Rœm. et
   Schult. (M. de Bastard). Lieux incultes. ② Juillet-
   septembre.
   Stigmate en demi-lune. *V. nigrum* L. (M. noire).
   Lieux secs, arides, pierreux. ② Juillet-septembre.

255. VINCA. [Pervenche].

Feuilles glabres, lancéolées ou ovales-elliptiques, rétrécies à chaque extrémité. *V. minor* L. (P. à petites fleurs). Bois. ♃ Avril-mai.
Feuilles ciliées, ovales-pointues, cordiformes ou arrondies à la base. *V. major* L. (P. à grandes fleurs).
Dans les haies, autour des habitations. ♃ Avril-
mai.

256. VINCETOXICUM [Dompte-venin].

Fleurs d'un jaune pâle. *V. officinale* Mœnch. (D.
officinal). Lieux pierreux, surtout calcaires. ♃
Juin-juillet.

257. BORRAGO [Bourrache].

Fleurs bleues, à tube très-court; plante rude. *B. officinalis* L. (B. officinale). Terres cultivées, jardins. ① Juin-septembre.

258. CYNOGLOSSUM [Cynoglosse].

Feuilles molles, tomenteuses. *C. officinale* L. (C.
officinale). Lieux pierreux, décombres, surtout
dans le calcaire. ② Mai-juillet.

259. ECHINOSPERMUM [Echinosperme].

Grappes à la fin allongées et lâches. *E. Lappula*
Lehm. (E. Lappule). Champs, vignes du calcaire.
① ou ② Juillet-août.

260. ASPERUGO [Râpette].

Calice accrescent après la floraison. *A. procumbens*
L. (R. couchée). Lieux incultes, bords des champs.
① Mai-juin.

261. HELIOTROPIUM [Héliotrope].

Fleurs petites, blanches. *H. europæum* L. (H. d'Europe). Terres en friches, surtout dans le calcaire.
① Juin-août.

262. MYOSOTIS [Scorpione].

Calice couvert de poils appliqués, non crochus au
   sommet.   2
Calice muni inférieurement de poils étalés, dont plusieurs sont crochus au sommet.   4

Tige couverte de poils apprimés..   3
Tige longuement rampante à la base et munie de poils
   étalés. *M. repens* Don. (S. rampante). Lieux spongieux, tourbeux. ② Juin-juillet.

Tige anguleuse; souche oblique, un peu rampante,
   quelquefois stolonifère; style égalant presque le
   calice. *M. palustris* With. (S. des marais). Prés
   humides, marais. ♃ Mai-septembre.
Tige arrondie inférieurement; racine verticale, fi-

13

breuse; style presque nul. *M. cæspitosa* Schultz.
(S. gazonnante). Fossés, marais, bords des eaux.
② Juin-juillet.

4. Calice fructifère à pédicelle plus long que lui. . . . 5
Calice fructifère à pédicelle plus court que lui ou l'é-
galant à peine. 6

5. Corolle assez grande, à limbe plan, à tube égalant le
calice. *M. sylvatica* Hoffm. (S. des bois). Lieux
frais et ombragés. ② Mai-juin.
Corolle assez petite, à limbe concave, à tube plus
court que le calice. *M. intermedia* Link. (S. intermédiaire). Lieux cultivés, taillis surtout dans
le calcaire. ② Mai-juillet.

6. Calice fermé à la maturité; fleurs d'abord jaunes,
puis bleues, enfin violettes; corolle à tube à la fin
plus long que le calice. *M. versicolor* Pers. (S.
changeante). Champs sablonneux. ① Avril-septembre.
Calice toujours ouvert; fleurs bleues; corolle à tube
toujours plus court que le calice. *M. hispida*
Schlecht. (S. hispide). Murs, talus secs. ① Avril-
mai.

263. LITHOSPERMUM [Grémil].

1. Fleurs petites blanches ou rarement rosées. 2
Fleurs assez grandes d'un bleu d'azur. *L. purpu-
reo-cæruleum* L. (G. bleu-pourpre). Bord des
haies et des bois calcaires. ♃ Juin-juillet.

Fruits lisses. *L. officinale* L. (G. officinal). Bord
des haies, lieux incultes, surtout dans le calcaire.
⚄ Mai-juin.

Fruits rugueux. *L. arvense* L. (G. des champs).
Moissons calcaires. ① Mai-juin.

264. PULMONARIA [Pulmonaire].

Feuilles ordinairement maculées de blanc. *P. angus-*
tifolia L. (P. à feuilles étroites). Bord des haies,
bois. ⚄ Avril-mai.

265. SYMPHYTUM [Consoude].

Feuilles inférieures longuement décurrentes; tige rameuse. *S. officinale* L. (C. officinale). Bord des
eaux, prés humides. ⚄ Mai-juin.

Feuilles supérieures et moyennes semi-décurrentes;
tige simple ou bifurquée. *S. tuberosum* L. (C.
tubéreuse). Lieux ombragés aux bords des ruisseaux. ⚄ Avril-mai.

266. LYCOPSIS [Lycopside].

Feuilles caulinaires demi-embrassantes. *L. arvensis*
L. (L. des champs). Lieux incultes sablonneux. ①
Juin-septembre.

267. CARYOLOPHA [Caryolophe].

Feuilles inférieures pétiolées. *C. sempervirens* Fisch.
et Traut. (C. toujours verte). Haies, lieux frais et
pierreux. ⚄ Mai-juin.

268. ANCHUSA [Buglosse].

Fleurs en panicule très-ample. *A. italica* Retz. (B. d'Italie). Moissons calcaires. ♃ Juin-août.

269. ECHIUM [Vipérine].

Etamines très-saillantes. *E. vulgare* L. (V. commune). Champs pierreux stériles, murs. ② Juin-septembre.

Etamines incluses. *E. Wierzbickii* Bieb. (V. de Vierzbick). Champs incultes, bords des chemins. ② Juin-août.

270. CALYSTEGIA [Calystégie].

Fleurs grandes, ordinairement blanches. *C. sepium* R. Br. (C. des haies). Buissons, haies humides, jardins. ♃ Juin-septembre.

271. CONVOLVULUS [Liseron].

Fleurs médiocres, ordinairement rosées. *C. arvensis* L. (L. des champs). Champs, jardins. ♃ Mai-septembre.

272. CUSCUTA [Cuscute].

1. Stigmates aigus ou en massue.   2
Stigmates globuleux; corolle pédicellée, 2-3 fois aussi longue que le calice; fleurs très-odorantes. *C. hassiaca* Pfeiff. (C. de la Hesse). Sur la *luzerne*. ♁ Juillet-septembre.

2. Tube de la corolle cylindrique et de la longueur du

limbe; fleurs munies de bractées.   3
Tube de la corolle renflé, deux fois plus long que le
limbe; fleurs dépourvues de bractées. *C. epili-
num* Weihe. (C. du lin). Sur le *lin cultivé.* ⓘ
Juillet-août.

3. Tube fermé intérieurement par des écailles.   4
Tube non fermé par des écailles. *C. major* DC. (C.
majeure). Sur l'*ortie*, le *houblon,* etc. ⓘ Juin-
août.

4. Calice plus court que le tube de la corolle; stygmates
dressés et saillants à la fin; tige souvent rougeâtre. *C. minor* DC. (C. mineure). Pâturages
incultes, landes, bruyères, sur diverses plantes. ⓘ
Juin-septembre.
Calice égalant presque le tube de la corolle; stygmates divergents, inclus; tige jaunâtre. *C. trifolii*
Babingt. (C. du trèfle). Sur le *trèfle des prés.* ⓘ
Juillet-août.

273. JASMINUM [Jasmin].

Rameaux anguleux. *J. fruticans* L. (J. frutescent).
Coteaux pierreux, près de Thouars. ♃ Mai-
juillet.

274. FRAXINUS [Frêne].

Fruits obtus au sommet. *F. excelsior* L. (F. élevé).
Bords des routes, bois frais. Avril.
Fruits atténués aux deux bouts. *F. rostrata* Guss.
(F. à bec). Bords des routes, bois frais. Avril.

275. LIGUSTRUM [Troène].

Feuilles opposées. *L. vulgare* L. (T. commun).
Haies, buissons, bois argileux. Juin-juillet.

276. GLOBULARIA [Globulaire].

Feuilles radicales émarginées ou tridentées au sommet. *G. vulgaris* L. (G. commune). Coteaux secs,
pelouses pierreuses calcaires. ♃ Juin.

277. VERBENA [Verveine].

Fleurs petites d'un lilas pâle. *V. officinalis* L. (V.
officinale). Champs, bords des chemins. ♃ Juillet-
septembre.

278. MENTHA [Menthe].

1. Calice fructifère à gorge fermée par des poils. *M. Pu-
   legium* L. (M. Pouliot). Fossés, lieux inondés
   l'hiver. ♃ Juin-octobre.
   Non. . . . .

2. Tige terminée par des fleurs en épi ou en tête. . . . .
   Glomérules tous axillaires; tige terminée par des
   feuilles. ,. . . . .

3. Feuilles sessiles ou subsessiles. . . . .
   Feuilles assez longuement pétiolées. . . . .

4. Bractées ovales-lancéolées, acuminées; feuilles arrondies au sommet. *M. rotundifolia* L. (M. à
   feuilles rondes). Fossés, lieux humides. ♃ Juillet-
   septembre.
   Bractées linéaires, subulées; feuilles aiguës. . . . .

5. Tige et feuilles à peu près glabres; feuilles presque
   sessiles, étroitement lancéolées. *M. viridis* L. (M.
   verte). Autour des habitations. ⚥ Juillet-août.
   Tige et feuilles velues; feuilles tout-à-fait sessiles,
   ovales ou ovales-oblongues. *M. sylvestris* L. (M.
   sauvage). Haies, pied des murs. ⚥ Juillet-septembre.

6. Fleurs en tête terminale arrondie. *M. aquatica* L. (M.
   aquatique). Bords des eaux, fossés. ⚥ Juillet-
   septembre.
   Fleurs en glomérules axillaires nombreux; plante
   velue, cendrée. *M. canescens* Roth. (M. grisâtre).
   Bords des chemins. ⚥ Août-septembre.

7. Feuilles orbiculaires ou ovales-oblongues élargies. .   8
   Feuilles allongées ou lancéolées, longuement pétiolées. *M. parietariæfolia* Beck. (M. à feuilles de
   pariétaire). Lieux humides. ⚥ Juillet-septembre.

8. Calice campanulé à dents courtes, triangulaires, aiguës.   9
   Calice cylindrique ou tubuleux, à dents linéaires-
   subulées, dressées. *M. sativa* L. (M. cultivée).
   Lieux frais, fossés. ⚥ Juillet-septembre.

9. Tige droite; feuilles inférieures orbiculaires. *M. nummularia* Schreb. (M. à feuiles de nummulaire).
   Lieux humides. ⚥ Juillet-septembre.
   Tige diffuse ou couchée; feuilles n'étant pas orbiculaires. *M. arvensis* L. (M. des champs). Champs
   humides, lieux frais. ⚥ Juillet-septembre.

279. LYCOPUS [Lycope].

Feuilles inférieures pennatifides. *L. europæus* L. (L.
d'Europe). Bords des eaux, fossés. ⚥ Juillet-
septembre.

280. SALVIA [Sauge].

1. Corolle longuement exerte 2
Corolle dépassant à peine le calice. *S. verbenaca* L.
(S. verveine). Prés, bords des chemins ; lieux secs
herbeux. ⚥ Mai-août.

2. Corolle d'un blanc lavé de violet ; bractées membraneuses plus grandes que le calice. *S. Sclarea* L. (S.
Sclarée). Lieux secs, pied des murs. ⚥. Juillet-
août.
Corolle bleue, rarement blanche ; bractées herbacées, plus courtes que le calice. *S. officinalis* L.
(S. officinale). Prés secs, coteaux. ⚥ Mai-juillet.

281. ORIGANUM [Origan].

Fleurs en épis ovoïdes ou prismatiques. *O. vulgare*
L. (O. commun). Lieux secs et pierreux calcaires.
⚥ Juillet–septembre.

282. THYMUS [Thym].

Tiges couchées, gazonnantes. *T. Serpyllum* L. (T.
Serpolet). Pelouses, lieux incultes surtout du calcaire. ⚥ Mai-septembre.

283. CALAMINTHA [Calament].

1. Calice bossu à la base ; fleurs portées sur des pédon-

cules simples. *C. Acinos* Clairv. (C. Acinos).
Champs calcaires. ⊤ Juin-août.
Calice à tube non bossu à la base; fleurs en glomé-
rules; rameaux dichotomes..   2

2. Corolle d'un bleu clair; calice muni à la gorge de
poils exertes; cymes denses, dépassant la feuille
florale. *C. Nepeta* Clairv. (C. Népéta). Coteaux,
rochers calcaires. ⅃ Juillet-septembre.
Corolle purpurine ou d'un lilas clair; calice muni à
la gorge de poils inclus.   3

3. Corolle purpurine, à lobe moyen de la lèvre inférieure orbiculaire; cymes inférieures égalant la
feuille florale. *C. officinalis* Mœnch. Bois, bords
des haies. ⅃ Juillet-septembre.
Corolle d'un lilas clair, à lobe moyen de la lèvre in-
rieure émarginé; cymes plus courtes que la feuille
florale. *C. ascendens* Jord. (C. ascendant). Bord
des haies, pied des murs. ⅃ Juillet-septembre.

284. CLINOPODIUM (Clinopode).

Fleurs en glomérules. *C. vulgare* L. (C. commun).
Buissons, bord des haies. ⅃ Juillet-août.

285. MELISSA (Mélisse).

Feuilles ridées, les inférieures cordiformes. *M. officinalis* L. (M. officinale). Bord des haies près des
maisons. ⅃ Juillet-août.

13*

286. NEPETA [Népéta].

Fleurs blanches, ponctuées de rouge. *N. Cataria* L.
(N. Chataire). Bord des chemins près des villages. ♃ Juillet-août.

287. GLECHOMA [Gléchome].

Feuilles longuement pétiolées. *G. hederacea* L. (G.
lierre-terrestre). Bois, bord des haies. ♃ Mars-
avril.

288. MELITTIS [Melitte].

Fleurs à lèvre inférieure largement tachée de rouge.
M. grandiflora Sm. (M. à grandes fleurs). Bois.
♃ Mai-juin.

289. LAMIUM [Lamier].

1. Tube de la corolle pourvu intérieurement d'un anneau de poils. 2
Tube de la corolle dépourvu d'anneau de poils. . . . 4

2. Feuilles crénelées; lèvre supérieure de la corolle non
carénée sur le dos. *L. purpureum* L. (L. pourpre).
Lieux cultivés, champs, vignes. ① Mars-octobre.
Feuilles fortement dentées; lèvre supérieure de la
corolle bicarénée sur le dos 3

3. Fleurs ordinairement purpurines, à tube plus long
que le calice; une seule dent de chaque côté à la
base de la lèvre inférieure de la corolle. *L. macu-*

latum L. (L. maculé). Haies fraîches. ♃ Mars-septembre.

Fleurs blanches, à tube égalant le calice; deux dents de chaque côté de la base de la lèvre inférieure de la corolle. *L. album* L. (L. blanc). Lieux incultes, pied des murs près des villages. ♃ Avril-octobre.

4. Feuilles supérieures sessiles, embrassantes, réniformes, crénelées-lobées. *L. amplexicaule* L. (L. embrassant). Cultures, champs sablonneux, murs. ① Avril-juillet.

Feuilles supérieures brièvement pétiolées, décurrentes sur le pétiole, triangulaires-arrondies, presque aiguës, profondément incisées-dentées. *L. hybridum* Vill. (L. hybride). Cultures, jardins. ① Mars-mai.

290. GALEOBDOLON [Galéobdolon].

Anthères glabres. *G. luteum* Huds. (G. jaune). Bois, buissons ombragés. ♃ Avril-mai.

291. GALEOPSIS [Galéope].

1. Tige renflée et hispide sous les nœuds; corolle purpurine, rosée ou blanche. *G. Tetrahit* L. (G. Tétrahit). Décombres, lieux frais près des bois. ① Août-octobre.

Tige non renflée ou non hérissée de soies. 2

2. Bractées aristées égalant ou dépassant le calice. *G.*

angustifolia Ehrh. (G. à feuilles étroites). Moissons calcaires. ① Juillet-octobre.

Bractées mucronées plus courtes que le calice. *G. dubia* Leers. (G. douteuse). Champs sablonneux, taillis. ① Juillet-septembre.

292. STACHYS [Epiaire].

1. Bractéoles aussi longues ou presque aussi longues que le calice. 2
Bractéoles nulles ou très-petites et dépassant à peine le pédicelle. 4

2. Plante toute couverte d'un duvet blanc, abondant, soyeux; lèvre inférieure de la corolle égalant la supérieure *S. germanica* L. (E. d'Allemagne). Bord des chemins, champs incultes pierreux. ♃ ou ♂ Juillet-août.
Plante n'étant pas blanche-soyeuse; lèvre inférieure de la corolle plus longue que la supérieure. . . . 3

3. Tige glanduleuse au sommet; feuilles inférieures ovales en cœur. *S. alpina* L. (E. des Alpes). Bord des haies, bois. ♃ Juin-juillet.
Tige velue, non glanduleuse; feuilles inférieures lancéolées, inégalement en cœur à la base. *S. heraclea* All. (E. d'Héraclée). Terrains pierreux. ♃ Juin-juillet.

4. Fleurs jaunes ou jaunâtres. 5
Fleurs jamais jaunes, ni jaunâtres. 6

5. Tige dressée, solitaire, rameuse dès la base ; dents
du calice étroitement lancéolées-subulées, brièvement spinuleuses, mais velues jusqu'au sommet de
l'épine. *S. annua* L. (E. annuel). Champs calcaires. ① Juin-septembre.

Tiges plus ou moins nombreuses, dressées ou ascendantes ; dents du calice ovales-lancéolées, terminées par une épine glabre. *S. recta* C. (E. dressé).
Terrains pierreux calcaires. ♃ Juin-août.

6. Feuilles oblongues-lancéolées, un peu en cœur à la
base, finement dentées, sessiles ou à peu près. *S.
palustris* L. (E. des marais). Marais, fossés. ♃
Juin-septembre.

.Feuilles ovales-lancéolées ou ovales-orbiculaires, fortement dentées ou crénelées, toutes pétiolées,
excepté les florales supérieures.   7

7. Calice et corolle velus - glanduleux ; feuilles fortement dentées, acuminées. *S. sylvatica* L. (E. des
bois). Haies, lieux frais ombragés, pied des murs.
♃ Mai-août.

Calice hérissé, non glanduleux ; feuilles crénelées,
obtuses. *S. arvensis* L. (E. des champs). Champs,
moissons. ① Juin-septembre.

293. BETONICA [Bétoine].

Tube de la corolle longuement saillant. *B. officinalis*
L. (B. officinale). Bois, landes. ♃ Juin-septembre.

294. MARRUBIUM [Marrube].

Plante grisâtre. *M. vulgare* L. (M. commun). Lieux
pierreux, bord des chemins. ♃ Juin-août.

295. BALLOTA [Ballote].

Calice très-dilaté au sommet. *B. nigra* Sm. (B. noire).
Bord des chemins, pied des murs. ♃ Juin-août.

296. LEONURUS [Agripaume].

Feuilles inférieures palmatipartites. *L. Cardiaca* L.
(A. cardiaque). Bord des haies, autour des villages. ♃ Juin-août.

297. CHAITURUS [Chaïture].

Feuilles inférieures ovales-arrondies, inégalement crénelées. *C. Marrubiastrum* Rchb. (C. faux Mar-
rube). Buissons humides, bords des champs. ⚥
Juillet-août.

298. SCUTELLARIA [Scutellaire].

Fleurs bleues ou violettes; calice glabre. *S. galeri-*
culata L. (S. toque). Bord des eaux. ♃ Juin-
août.
Fleurs roses; calice hérissé de poils courts. *S. minor*
L. (S. mineure). Lieux marécageux, bois frais. ♃
Juillet-septembre.

299. BRUNELLA [Brunelle].

1. Feuilles ovales ou oblongues et pétiolées, surtout les
    inférieures. 2
    Feuilles linéaires très-entières et presque sessiles. *B.*
    hyssopifolia L. (B. à feuilles d'hysope.) Pelouses
    calcaires ou argileuses, chemins. ♈ Juin-août.

2. Plante mollement velue; fleurs d'un blanc jaunâtre.
    B. *alba* Pallas. (B. blanche). Coteaux, pelouses
    arides. ♈ Juillet-août.
    Plante peu velue; fleurs le plus souvent purpurines. 3

3. Feuilles supérieures pennatifides, à lobes ascendants.
    B. *pennatifida* Pers. (B. découpée). Pelouses,
    talus sablonneux. ♈ Mai-juillet.
    Feuilles jamais pennatifides. 4

4. Filets des étamines longues munis sous le sommet
    d'une pointe subulée droite; calice à lèvre infé-
    rieure divisée jusqu'au milieu. *B. vulgaris* Mœnch.
    (B. commune). Prés, pelouses, chemins. ♈ Mai-
    juillet.
    Filets des étamines longues munis d'un tubercule
    sous le sommet; calice à lèvre inférieure divisée
    jusqu'au tiers de sa longueur. *B. grandiflora*
    Mœnch. (B. à grandes fleurs). Coteaux arides
    calcaires. ♈ Juillet-août.

300. AJUGA [Bugle].

1. Fleurs bleues ou roses en glomérules axillaires. . . 2
    Fleurs jaunes, solitaires ou géminées à l'aisselle des

feuilles. *A. Chamæpitys* Schreb. (B. faux pin).
Champs, friches calcaires. ① Mai-septembre.

2. Souche dépourvue de stolons, mais souvent munie
de bourgeons adventifs sur les racines; feuilles
florales moyennes trilobées, les radicales détruites
à la floraison. *A. genevensis* L. (B. de Genève).
Bords des chemins et des champs calcaires. ♃ Mai-
juin.
Souche munie de stolons; feuilles florales entières,
les radicales persistantes. *A. reptans* L. (B. rampante). Prés humides, bords des fossés. ♃ Mai-
juin.

301. TEUCRIUM [Germandrée].

1. Calice bilabié; fleurs jaunâtres en longue grappe terminale. *T. Scorodonia* L. (G. des bois). Bois, haies,
buissons. ♃ Juin-septembre.
Calice à cinq divisions presque égales. 2

2. Fleurs jaunâtres en tête. *T. montanum* L. (G. des
montagnes). Coteaux calcaires. ♃ Juin-juillet.
Fleurs violettes ou purpurines, rarement blanches,
solitaires ou 2-3 à l'aisselle de feuilles ou de bractées. 3

3. Feuilles pennatiséquées à segments souvent trifides.
T. Botrys L. (G. Botryde). Champs et coteaux
calcaires. ① Juin-juillet.
Feuilles dentées ou crénelées. 4

4. Feuilles toutes sessiles, les florales plus longues que

les fleurs. *T. Scordium* L. (G. Scordium). Bords des ruisseaux, des marais. ⚥ Juin-octobre.
Feuilles, au moins les inférieures, pétiolées, les florales n'étant jamais plus longues que les fleurs. *T. Chamædrys* L. (G. petit chêne). Lieux pierreux calcaires. ⚥ Juin-juillet.

302. CALLUNA [Callune].

Sépales oblongs, obtus, scarieux. *C. vulgaris* Salisb. (C. commune). Landes, bois. ⚥ Juin-septembre.

303. ERICA [Bruyère].

1. Fleurs très-petites, d'un jaune verdâtre. *E. scoparia* L. (B. à balais). Bois, landes. ⚥ Mai-juillet.
Fleurs roses, rarement blanches. 2

2. Etamines saillantes. *E. vagans* L. (B. vagabonde). Bois secs, landes. ⚥ Juin-septembre.
Etamines incluses. 3

3. Calice à divisions glabres, scarieuses aux bords. *E. cinerea* L. (B. cendrée). Bois secs, landes. ⚥ Juillet-octobre.
Calice à divisions longuement ciliées. 4

4. Fleurs axillaires, grandes, purpurines, à corolle légèrement courbée; anthères mutiques. *E. ciliaris* L. (B. ciliée). Bois, landes humides. ⚥ Juin-septembre.
Fleurs terminales, petites, roses, rarement blanches,

en grappe scorpioïde; anthères munies de deux
arêtes. *E. tetralix* L. (B. quaternée). Bois, landes
humides. ♃ Juillet-octobre.

304. MONOTROPA [Monotrope].

Fleurs d'un blanc jaunâtre. *M. Hypópitys* L. (M. su-
cepin). Bois, au pied des arbres. ♃ Mai-juillet.

305. JASIONE [Jasione].

Feuilles ondulées. *J. montana* L. (J. de montagne).
Lieux secs, sablonneux. ① et ② Juin-octobre.

306. PHYTEUMA [Raiponce].

Capitule globuleux, puis ovoïde, pourvu à la base de
bractées ovales longuement acuminées. *P. orbicu-
lare* L. (R. orbiculaire). Coteaux calcaires, prés
marécageux. ♃ Juin-juillet.
Capitule d'abord ovoïde-oblong, à la fin cylindrique,
pourvu à la base de bractées linéaires-subulées. *P.
spicatum* L. (R. en épi). Bois. ♃ Mai-juillet.

307. CAMPANULA [Campanule].

1. Fleurs sessiles, disposées en capitules latéraux et terminaux. *C. glomerata* L. (C. agglomérée). Coteaux
secs, taillis. ♃ Mai-juin.
Fleurs pédonculées, disposées en panicule ou en
grappes.   2

3. Fleurs dressées ou un peu penchées, solitaires, géminées ou ternées sur des pédoncules courts et
   axillaires. *C. Trachelium* L. (C. Gantelée). Haies,
   bois. ♃ Juin-août.

  Fleurs pendantes, solitaires, en grappe spiciforme
   non feuillée, unilatérales. *C. rapunculoïdes* L.
   (C. fausse raiponce). Champs pierreux calcaires.
   ♃ Juin-août.

4. Capsule penchée ainsi que les fleurs; calice à tube
   très-court, turbiné. *C. Erinus* L. (C. Érine).
   Coteaux arides, champs calcaires, murs. ① Juin-
   juillet.

5. Racine charnue, fusiforme; calice à divisions linéaires-sétacées. *C. Rapunculus* L. (C. Raiponce).
   Bords des haies, des bois. ② Mai-septembre.

6. Feuilles pubescentes. *C. patula* L. (C. étalée). Bord
   des bois, haies. ② Juin-août.

  Feuilles glabres, luisantes. *C. persicæfolia* L. (C. à
   feuilles de pêcher). Coteaux boisés calcaires. ♃
   Juin-juillet.

308. SPECULARIA (Spéculaire).

Calice à divisions aussi longues que le tube de la co-

rolle; celle-ci à limbe plan. *S. Speculum* Alph.
DC. (S. miroir). Moissons. ① Juin–Juillet.
Calice à lobes oblongs plus courts que la moitié de la
longueur du tube; corolle ordinairement fermée.
S. hybrida Alph. DC. (S. hybride). Moissons cal-
caires. ① Mai–juin.

309. WAHLENBERGIA [Campanille].

Tiges rampantes. *W. hederacea* Rchb. (C. à feuilles
de lierre). Marais herbeux, pelouses humides. ♃
Juillet-août.

210. LOBELIA [Lobélie].

Fleurs en longue grappe étroite. *L. urens* L. (L. brûlante). Landes, bord des champs. ② Juin–août.

311. VALERIANA [Valériane].

Toutes les fleurs munies d'étamines et de pistils. *V.
officinalis* L. (V. officinale). Bord des eaux, lieux
frais. ♃ Juin-juillet.
Fleurs ne portant sur des individus différents que des
étamines ou des pistils. *V. dioica* L. (V. dioïque).
Prés marécageux calcaires. ♃ Juin-juillet.

312. CENTRANTHUS [Centranthe].

Feuilles ovales, ordinairement entières. *C. ruber* DC.
(C. rouge). Murs, talus calcaires. ♃ Juillet-septembre.

313. VALERIANELLA (Valérianelle).

1. Limbe du calice nul ou peu apparent sur le fruit. . .   2
   Limbe du calice saillant sur le fruit.   3

2. Fruit oblong, creusé d'un côté et caréné de l'autre.
   V. carinata Lois. (V. carénée). Lieux cultivés,
   murs. ① Avril-mai.
   Fruit arrondi-comprimé, muni d'un sillon sur le
   ventre, et de deux côtes latérales. *V. olitoria*
   Poll. (V. potagère). Lieux cultivés, murs. ①
   Avril-juin.

3. Limbe du calice plus large que le fruit, en six lobes
   dressés, triangulaires, terminés par une arête
   crochue au sommet. *V. coronata* DC. (V. cou-
   ronnée). Champs sablonneux ou calcaires. ⊤ Juin-
   juillet.
   Dents du calice non crochues.   4

4. Limbe du calice évasé, veiné et aussi large que le
   fruit. *V. eriocarpa* Desv. (V. à fruits velus). Moissons, champs secs et pierreux. ⊤ Avril-juin.
   Limbe du calice plus étroit que le fruit, et formé
   d'une dent saillante munie à sa base de 2-3 très-
   petites dents. *V. auricula* DC. (V. à oreillettes).
   Moissons. ⊤ Mai-juillet.

314. DIPSACUS (Cardère).

Feuilles caulinaires connées ; capitules toujours

14

dressés. *D. sylvestris* Mill. (C. sauvage). Champs incultes, haies, bord des chemins. ② Juillet-août.

Feuilles non connées et munies à la base du limbe d'une paire de segments; capitules d'abord penchés. *D. pilosus* L. (C. poilue). Haies, lieux ombragés humides. ② Juillet-septembre.

315. KNAUTIA [Knautie].

Fleurs d'un lilas clair. *K. arvensis* Koch. (K. des champs). Champs, prés, haies des terrains calcaires. ♃ Juin-août.

316. SCABIOSA [Scabieuse].

Feuilles découpées. *S. permixta* Jord. (S. confondue). Pelouses sèches, bois, coteaux. ② Juinoctobre.

Feuilles entières ou seulement dentées. *S. Succisa* L. (S. Succise). Landes, prés frais, bord des champs. ♃ Août-octobre.

317. EUPATORIUM [Eupatoire].

Calathides en corymbe serré. *E. cannabinum* L. (E. à feuilles de chanvre). Bord des eaux, des fossés, des marais. ♃ Juin-septembre.

318. TUSSILAGO [Tussilage].

Calathides penchées avant l'anthèse. *T. Farfara* L. (T. Pas d'âne). Vignes calcaires et argileuses. ♃ Février-mars.

319. PETASITES [Petasite].

Calathides en thyrse atténué au sommet. *P. riparia* Jord. (P. des rivages). Chaussées, bord des eaux. ♃ Mars-avril.

320. LINOSYRIS [Linière].

Calathides en corymbe, à pédoncules feuillés. *L. vulgaris* L. (L. commune). Coteaux, taillis pierreux. ♃ Septembre-octobre.

321. BELLIS [Paquerette].

Fleurs de la circonférence blanches, souvent rosées en dehors. *B. perennis* L. (P. vivace). Prés, pelouses. ♃ Mars-mai.

322. ERIGERON [Vergerette].

Calathides en grappe pyramidale composée, fournie et un peu feuillée. *E. canadensis* L. (V. du Canada). Lieux cultivés, sablonneux. ↰ Juin-octobre.

Calathides en grappe corymbiforme lâche, simple, pourvue de bractéoles subulées. *E. acris* L. (V. âcre). Lieux secs. ↰ Juin-septembre.

323. SOLIDAGO [Solidage].

Calathides en grappes feuillées formant une panicule étroite. *S. Virga-aurea* L. (S. Verge d'or). Landes, taillis. ♃ Juillet-septembre.

324. MICROPUS [Micrope].

Petite plante couverte d'un duvet laineux. *M. erectus*
L. (M. droit). Champs calcaires secs ou arides. ①
Juin-août.

325. INULA [Inule].

1. Ligules très-courtes, non rayonnantes. *I. Conyza*
DC. (I. Conyse). Coteaux pierreux, bord des
haies. ♂ Juillet-août.
Ligules allongées et rayonnantes. 2

2. Calathides petites, terminales et axillaires, formant
une grappe pyramidale; tige rameuse presque
dès la base; plante glanduleuse à odeur forte. *I.
graveolens* Desf. (I. fétide). Champs en friche,
bord des chemins. ⚹ Août-octobre.
Plante non glanduleuse. 3

3. Feuilles plus ou moins coriaces, vertes sur les deux
faces; folioles du péricline arquées en dehors. . . 4
Feuilles molles, blanches-tomenteuses au moins en
dessous. 5

4. Demi-fleurons un peu plus longs que le péricline;
feuilles oblongues, arrondies à l'extrémité supérieure et mucronées. *I. squarrosa* L. (I. rude).
Coteaux, buissons du calcaire. ♃ Juillet-août.
Demi-fleurons bien plus longs que le péricline;
feuilles lancéolées, insensiblement acuminées, les
moyennes sessiles, embrassantes. *I. salicina* L. (I.

à feuilles de saule). Prés, taillis, surtout du calcaire. ♃ Juillet-août.

5. Folioles extérieures du péricline ovales, ayant un centimètre au moins de largeur. *I. Helenium* L. (I. Aunée). Haies, prés frais. ♃ Juillet-août.
Folioles du péricline linéaires ou lancéolées. 6

6. Feuilles cordiformes-amplexicaules; calathides ordinairement en corymbe. *I. britannica* L. (I. d'Angleterre). Bord des eaux. ♃ Juillet-septembre.
Feuilles non embrassantes; calathide presque toujours solitaire. *I. montana* L. (I. de montagne). Lieux secs et pierreux calcaires. ♃ Juillet-août.

326. PULICARIA [Pulicaire].

Demi-fleurons longs, rayonnants. *P. dysenterica* Gærtn. (P. dyssentérique). Bord des chemins, des haies, fossés. ♃ Juillet-août.
Demi-fleurons très courts, non rayonnants. *P. vulgaris* Gærtn. (P. commune). Lieux inondés l'hiver, bord des chemins. ① Juillet-septembre.

327. BIDENS [Bident].

Feuilles découpées en 3-5 folioles. *B. tripartita* L. (B. tripartite). Bord des eaux, lieux frais. ① Juillet-septembre.
Feuilles entières, seulement dentées. *B. cernua* L. (B. penché). Marais, bord des eaux. ① Juillet-septembre.

14*

328. FILAGO [Cotonnière].

1. Feuilles florales dépassant les glomérules. 2
   Feuilles florales égales au plus aux glomérules. . . . 3

2. Feuilles florales linéaires, subulées. *F. gallica* L. (C.
   de France). Champs. ① Juin-septembre.
   Feuilles florales oblongues ou spathulées. *F. spathu-
   lata* Presl. (C. spathulée). Champs, surtout calcaires. ① Juillet-septembre.

3. Calathides réunies 8-10 en glomérules. 4
   Calathides réunies 3-6 en glomérules. 5

4. Plante à duvet jaunâtre ; folioles des calathides à
   pointes rouges. *F. lutescens* Jord. (C. jaunâtre).
   Champs. ① Juillet-septembre.
   Plante à duvet blanchâtre ; folioles des calathides à
   pointe d'un jaune pâle. *F. canescens* Jord. (C.
   blanchâtre). Champs. ① Juillet-septembre.

5. Feuilles dressées, les florales égalant les glomérules ;
   calathides peu anguleuses. *F. arvensis* L. (C. des
   champs). Champs sablonneux. ① Juillet-août.
   Feuilles appliquées contre la tige, les florales plus
   courtes que les glomérules ; calathides anguleuses.
   F. montana L. (C. de montagne). Coteaux schisteux, landes, champs incultes. ① Juillet-août.

329. GNAPHALIUM [Gnaphale].

1. Calathides éparses à l'aisselle des feuilles supérieures

et formant une longue grappe spiciforme. *G. syl-vaticum* L. (G. des bois). Lisière des bois, friches. ♃ Juillet-septembre.

Calathides n'étant pas disposées en grappe spiciforme.   2

2. Calathides réunies au sommet de la tige ou des rameaux en capitules serrés, non feuillés, et formant une grappe corymbiforme. *G. luteo-album* L. (G. jaunâtre). Lieux sablonneux humides. ⊤ Juillet-août.

Calathides réunies au sommet de la tige ou des rameaux en capitules serrés et feuillés, dépassés par les feuilles. *G. uliginosum* L. (G. des fanges). Lieux inondés l'hiver, bord des chemins humides. ⊤ Juin-octobre.

330. HELICHRYSUM [Hélichryse].

Calathides en corymbe serré, convexe. *H. Stœchas* DC. (H. Stœchas). Coteaux, lieux recailleux. ♃ Juin-septembre.

331. ARTEMISIA [Armoise].

Feuilles blanches-tomenteuses en dessous. *A. vulgaris* L. (A. commune). Bord des haies, des chemins. ♃ Juin-septembre.

332. TANACETUM [Tanaisie].

Feuilles bipennatifides à lobes dentés en scie. *T. vul-*

gare L. (T. commune). Lieux incultes, jardins;
subspontané. ⚥ Juillet-septembre.

333. ACHILLEA [Achillée].

Feuilles linéaires-lancéolées ou linéaires, atténuées,
dentées en scie. *A. Ptarmica* L. (A. sternutatoire).
Prés humides, bord des eaux. ⚥ Juin-septembre.
Feuilles divisées en lobes capillaires, nombreux. *A.
Millefolium* L. (A. mille feuilles). Lieux incultes,
bord des haies, des chemins. ⚥ Juin-septembre.

334. ANTHEMIS [Camomille].

1. Demi-fleurons jaunes à la base. *A. mixta* L. (C.
  mixte). Moissons, bord des chemins. ① Juin-
  août.
  Demi-fleurons entièrement blancs. 2

2. Ecailles du réceptacle obtuses, scarieuses aux bords
  et souvent lacérées au sommet. *A. nobilis* L. (C.
  romaine). Pelouses, chemins. ⚥ Juillet-septembre.
  Ecailles du réceptacle aiguës. 3

3. Ecailles du réceptacle lancéolées, brusquement acuminées en pointe raide. *A. arvensis* L. (C. des
  champs). Champs cultivés, pelouses. ① Juin-août.
  Ecailles du réceptacle linéaires-sétacées. *A. Cotula*
  L. (C. fétide). Moissons, champs cultivés. ① Juin-
  août.

335. MATRICARIA [Matricaire].

Plante aromatique ; réceptacle creux ; akènes nus. *M. Chamomilla* L. (M. Camomille). Moissons, champs sablonneux. ① Mai-juillet.

Plante inodore ; réceptacle plein ; akènes couronnés par un bord étroit. *M. inodora* L. (M. inodore). Champs cultivés. ① Juin-octobre.

336. LEUCANTHEMUM [Leucanthème].

1. Calathides en corymbe. 2
   Calathides solitaires au sommet de la tige et des rameaux. *L. vulgare* Lam. (L. commun). Prés, champs incultes. ♃ Juin-septembre.

2. Feuil'es toutes pétiolées. *L. Parthenium* GG. (L. matricaire). Lieux pierreux, autour des habitations. ♃ Juin-juillet.
   Feuilles caulinaires sessiles. *L. corymbosum* GG. (L. en corymbe). Coteaux calcaires. ♃ Juin-juillet.

337. CHRYSANTHEMUM [Chrysanthème].

Feuilles glabres, glaucescentes, un peu charnues. *C. segetum* L. (C. des moissons). Moissons. ① Juin-août.

338. DORONICUM [Doronic].

Souche rampante, charnue, stolonifère. *D. plantagineum* L. (D. à feuilles de plantain). Coteaux boisés. ♃ Avril-mai.

339. SENECIO [Seneçon].

1. Demi-fleurons nuls ou très-petits et enroulés en
  dehors. 2
  Demi-fleurons plans et rayonnants. 4

2. Demi-fleurons nuls. *S. vulgaris* L. (S. commun).
  Partout. ① Toute l'année.
  Demi-fleurons enroulés en dehors. 3

3. Akènes glabres; plante visqueuse. *S. viscosus* L. (S.
  visqueux). Lieux sablonneux ou pierreux. ① Juillet-
  août.
  Akènes pubescents; folioles de l'involucre non glanduleuses. *S. sylvaticus* L. (S. des bois). Bord des
  bois, lieux sablonneux ou pierreux. ① Juin-août.

4. Feuilles plus ou moins pennatifides. 5
  Feuilles entières ou seulement dentées. *S. ruthenicus*
  Maz. et Timb. (S. de Rhodez). Taillis secs calcaires.
  ♃ Juin-juillet.

5. Feuilles d'un vert grisâtre et pubescentes. *S. cruca-*
  folius L. (S. à feuilles de roquette). Haies, bord
  des bois, des champs. ♃ Août-octobre.
  Feuilles vertes et glabres ou presque glabres. 6

6. Feuilles de la tige découpées en lobes à peu près
  semblables. 7
  Lobe terminal de la feuille distinct et bien plus grand
  que les autres 8

7. Feuilles radicales incisées, oblongues dans leur pour-

tour; rameaux de la panicule arrivant presque à la même hauteur; tige de 5-8 décimètres. *S. Jacobœa* L. (S. Jacobée). Prés. ♃ Mai-juin.

Feuilles radicales grossièrement dentées, largement ovales; rameaux inférieurs de la panicule n'atteignant pas les supérieurs; tige de 8-12 décimètres. *S. nemorosus* Jord. (S. des forêts). Haies, bois. ♃ Juillet-septembre.

8. Feuilles radicales dressées, à lobe terminal oblong.   9

Feuilles radicales étalées, à lobe terminal très-large, ovale, arrondi au sommet. *S. erraticus* Bertol. (S. divariqué). Lieux ombragés au bord des eaux. ♃ Juillet-septembre.

9. Feuilles radicales-ovales dans leur pourtour, peu ou point découpées. *S. aquaticus* Huds. (S. aquatique). Prés humides. ♃ Juin-août.

Feuilles radicales-oblongues, fortement sinuées. *S. pratensis* Richt. (S. des prés). Prés humides. ♃ Juillet-septembre.

340. CALENDULA [Souci].

Plante pubescente, odorante. *C. arvensis* L. (S. des champs). Lieux cultivés, champs, vignes. ① Avril-octobre.

341. CIRSIUM [Cirse].

1. Feuilles plus ou moins décurrentes. 2
Feuilles non décurrentes. 3

2. Ecailles du péricline à peine piquantes. *C. palustre*
Scop. (C. des marais). Prés, bois humides, marais.
♃ Juin-septembre.
Ecailles à épines raides, vulnérantes. *C. lanceolatum*
Scop. (C. lancéolé). Bord des murs, des chemins,
lieux incultes. ♁ Juin-octobre.

3. Calathides grosses, globuleuses et fortement aranéeuses, à écailles munies d'une épine très-étalée.
C. eriophorum Scop. (C. laineux). Bord des chemins pierreux calcaires. ♁ Juillet-septembre.
Calathides médiocres, non aranéeuses; écailles peu
ou point épineuses. 4

4. Calathide ordinairement solitaire au sommet de la
tige ou des rameaux. 5
Calathides agglomérées au sommet des rameaux. *C.
arvense* Scop. (C. des champs). Champs, vignes.
♃ Juin-septembre.

5. Tige nulle ou très-courte. *C. acaule* All. (C. nain).
Pelouses, bord des chemins, pâturages calcaires
secs. ♃ Juillet-septembre.
Une tige élevée. 6

6. Péricline déprimé à la base; fibres radicales tubé-
reuses-fusiformes; stolons nuls. *C. bulbosum* DC.
(C. bulbeux). Prés, bois humides ou marécageux.
♃ Juillet-août.
Péricline non déprimé à la base; fibres radicales un
peu épaisses; souche émettant des stolons souter-

rains grêles. *C. anglicum* DC. (C. anglais). Prés,
bois marécageux. ⁊ Juin-août.

342. CARDUUS [Chardon].

1. Calathides grandes, penchées, solitaires, rarement
géminées, sur de longs pédoncules. *C. nutans* L.
(C. penché). Champs pierreux, bord des chemins,
décombres. ⚁ Juillet-septembre.
Calathides petites, agrégées au sommet de la tige
ou des rameaux. 2

2. Calathides sessiles ou brièvement pédonculées ; péricline à écailles externes et moyennes scarieuses
aux bords, les internes longuement et finement acuminées et dépassant les corolles. *C. tenuiflorus*
Curt. (C. à petites fleurs). Bord des chemins, pied
des murs. ① et ② Juin-juillet.
Calathides portées sur des pédoncules assez longs et
nus au sommet ; écailles externes non scarieuses
aux bords, les internes brièvement acuminées, plus
courtes que les fleurs. *C. pycnocephalus* L. (C. à
trochets). Bord des chemins, pied des murs. ① et
② Juin-juillet.

343. SILYBUM [Silybe].

Feuilles tachées de blanc. *S. Marianum* Gærtn. (S.
Chardon-Marie). Bord des haies, des chemins, décombres. ② Juin-juillet.

344. ONOPORDON [Onoporde].

Feuilles grandes, blanchâtres, aranéeuses. *O. Acan-*

thium L. (O. Acanthe). Bord des champs et des chemins pierreux, décombres. ♂ Juin-septembre.

345. LAPPA [Bardane].

Ecailles du péricline plus courtes que les fleurs, les internes rosées au sommet. *L. minor* DC. (B. mineure). Bord des chemins, cours, décombres. ♂ Juin-août.
Ecailles du péricline plus longues que les fleurs, toutes vertes. *L. major* Gærtn. (B. majeure). Bord des prés, des bois, des chemins. ♂ Juillet-septembre.

346. CARLINA [Carline].

Ecailles du péricline rayonnantes, jaunâtres, luisantes. *C. vulgaris* L. (C. commune). Coteaux arides, bord des chemins. ♂ Juillet-septembre.

347. SERRATULA [Sarrète].

Feuilles entières ou pennatipartites, à lobe terminal plus grand. *S. tinctoria* L. (S. des teinturiers). Bois, landes. ♃ Août-septembre.

348. CARDUNCELLUS [Cardoncelle].

Fleurs bleues en calathide solitaire. *C. mitissimus* L. (C. doux). Coteaux, pelouses sèches calcaires. ♃ Juin-juillet.

349. KENTROPHYLLUM [Centrophylle].

Feuilles coriaces, pubescentes. *K. lanatum* DC. (C.

laineux). Coteaux secs, lieux pierreux, bord des chemins. ① Juillet-septembre.

350. CENTAUREA [Centaurée].

1. Feuilles et péricline épineux. *C. Calcitrapa* L. (C. chaussetrape). Bord des chemins. ♂ Juillet-août.
Point d'épines vulnérantes. 2

2. Fleurs bleues. *C. Cyanus* L. (C. Bluet). Moissons, surtout dans le calcaire. ① Juin-juillet.
Fleurs roses ou purpurines. 3

3. Fleurs de la circonférence rayonnantes. 4
Fleurs non rayonnantes 6

4. Ecailles du péricline munies d'une large bordure noire et ciliée, ne cachant pas entièrement la partie verte des écailles. *C. Scabiosa* L. (C. scabieuse). Champs calcaires. ♃ Juillet-août.
Ecailles n'ayant pas de bordure noire. 5

5. Calathides grosses à folioles extérieures brunâtres; floraison dès le mois de mai. *C. pratensis* Thuill. (C. des prés). Prés, bois, pelouses, etc. ♃ Mai-septembre.
Calathides médiocres, pâles; floraison en août. *C. serotina* Bor. (C. tardive). Bord des champs, des bois, pelouses arides. ♃ Août-octobre.

6. Appendices des écailles appliquées. *C. nigra* L. (C. noire). Bois, buissons. ♃ Juillet-septembre.
Appendices des écailles recourbées en dehors, *C. de-*

cipiens Thuill. (C. trompeuse). Bord des champs, des haies. ♃ Août-septembre.

351. CRUPINA [Crupine].

Feuilles caulinaires découpées en lobes linéaires-étroits. *C. vulgaris* Pers. (C. commune). Coteaux arides calcaires. ① Juin-juillet.

352. XERANTHEMUM [Xéranthème].

Ecailles du péricline tomenteuses sur le dos. *X. cylindraceum* Smith. (X. cylindrique). Coteaux, champs arides. ① Juin-juillet.
Ecailles du péricline glabres et brunes sur le dos. *X. inapertum* Willd. (X. fermée). Champs secs calcaires. ① Juin-juillet.

353. LAMPSANA [Grassette].

Feuilles inférieures lyrées. *L. communis* L. (G. commune). Cultures, jardins, haies. ① Juin-août.

354. ARNOSERIS [Arnoseris].

Feuilles obovales ou oblongues. *A. pusilla* Gærtn. (A. fluette). Champs sablonneux, landes arides. ① Juin-août.

355. CICHORIUM [Chicorée].

Feuilles inférieures roncinées. *C. Intybus* L. (C. sauvage). Lieux arides, bord des chemins, surtout dans le calcaire. ♃ Juillet-septembre.

356. CATANANCHE [Cupidone].

Feuilles entières ou à 2-4 segments linéaires. *C. cærulea* L. (C. bleue). Pelouses, coteaux secs du calcaire et argilo-calcaire. ♃ Juin-juillet.

357. THRINCIA [Thrincie].

Corolles jaunes, les extérieures livides en dessous. *T. hirta* Roth. (T. hérissée). Lieux arides ou sablonneux. ♃ Juin-septembre.

358. LEONTODON [Liondent].

Calathides dressées avant la floraison ; tige ordinairement rameuse. *L. autumnalis* L. (L. d'automne). Prés, pelouses, lieux incultes. ♃ Juillet-septembre.
Tige ne portant qu'une seule calathide penchée avant la floraison. *L. hispidus* L. (L. hispide). Prés, lieux incultes du calcaire. ♃ Juin-septembre.

359. PICRIS [Picride].

Rameaux étalés. *P. hieracioïdes* L. (P. Épervière). Lieux pierreux, bord des champs. ② Juillet-août.

360. HELMINTHIA [Helminthie].

Rameaux bifurqués. *H. echioïdes* Gœrtn. (H. Vipérine). Bord des haies, des chemins. ① Juillet-août.

361. TRAGOPOGON [Salsifis].

1. Fleurs d'un bleu violet. *T. porrifolius* L. (S. à feuilles
　　de poireau). Prés. ② Juin-juillet.
　　Fleurs jaunes. . . . .　2

2. Pédoncule fortement renflé en massue au sommet.
　　T. major Jacq. (S. à gros pédoncule). Coteaux
　　pierreux. ② Juin-août.
　　Pédoncule moins large que la calathide au point d'in-
　　sertion. . . . .　3

3. Ecailles du péricline égalant ou dépassant les fleurs.
　　T. pratensis L. (S. des-prés). Prés. ② Mai-sep-
　　tembre.
　　Ecailles du péricline plus courtes que les fleurs. *T.
　　orientalis* L. (S. oriental). Prés. ② Mai-septembre.

362. SCORZONERA [Scorsonère].

Feuilles entières, ordinairement lancéolées. *S. hu-
milis* L. (S. humble). Prés, bois humides. ② Mai-
juillet.

363. PODOSPERMUM [Podosperme].

Feuilles à segments linéaires écartés. *P. laciniatum*
DC. (P. lacinié). Bord des champs, des chemins
calcaires. ② Mai-juin.

364. HYPOCHOERIS [Porcelle].

1. Folioles du péricline glabres ou presque glabres. . .　2

Tige et péricline hérissés de poils rudes. *H. maculata*
L. (P. maculée). Bois, landes. ♃ Juin.

2. Feuilles rudes et hérissées. *H. radicata* L. (P. enra-
cinée). Bord des chemins, des haies, prés. ♃ Mai-
octobre.
Feuilles lisses et presque glabres. *H. glabra* L. (P.
glabre). Coteaux schisteux, landes. ⊙ Juin-septembre.

365. TARAXACUM [Pissenlit].

1. Folioles du péricline largement ovales et étroitement
appliquées. *T. palustre* DC. (P. des marais). Prés
marécageux. ♃ Mars-mai.
Folioles du péricline plus ou moins étalées ou réfléchies. . . . .　2

2. Graines rougeâtres. *T. erythrospermum* Andrz. (P.
à fruits rouges). Prés, lieux cultivés, bord des
chemins. ♃ Mars-mai.
Graines olivâtres. . . . .　3

3. Côtes des feuilles lavées de rouge jusqu'au sommet.
T. rubrinerve Jord. (P. à nervures rouges). Bois,
landes, pâturages. ♃ Mars-mai.
Côtes des feuilles non lavées de rouge jusqu'au sommet. *T. officinale* Wigg. (P. officinal). Prés, lieux
cultivés. ♃ Avril-octobre.

366. CHONDRILLA [Chondrille].

Tige hérissée à la base. *C. juncea* L. (C. effilée).

Lieux secs, champs pierreux, sablonneux ou calcaires. ♃ Juin-septembre.

367. LACTUCA [Laitue].

1. Fleurs jaunes ou jaunâtres. 2
Fleurs bleues ou purpurines. *L. perennis* L. (L. vivace). Coteaux secs, champs, vignes calcaires. ♃ Mai-juillet.

2. Feuilles à lobes linéaires, ou les supérieures acuminées, entières. *L. saligna* L. (L. à feuilles de saule). Bord des champs, lieux stériles calcaires. ☉ Juillet-septembre.
Feuilles élargies, plus ou moins découpées. 3

3. Feuilles fermes, dentées-mucronées. 4
Feuilles molles, à dents non mucronées, à lobe terminal triangulaire très-grand. *L. muralis* Fres. (L. des murs). Vieux murs, rochers couverts. ♃ Juin-septembre.

4. Akènes d'un pourpre noir. *L. virosa* L. (L. vireuse). Lieux incultes, haies, bois pierreux. ☉ Juin-septembre.
Akènes gris-olivâtres. 5

5. Feuilles entières. *L. dubia* Jord. (L. douteuse). Lieux incultes, bord des haies, des chemins. ♉ Août-septembre.
Feuilles roncinées-pennatifides. *L. Scariola* L. (L.

scariole). Lieux incultes et pierreux, bord des chemins. ♂ Juin-septembre.

368. SONCHUS [Laitron].

1. Racine longuement rampante.   2
Racine non rampante   3

2. Plante hérissée-glanduleuse au sommet. *S. arvensis* L. (L. des champs). Champs, vignes calcaires ou argileuses. ⚇ Juillet-septembre.
Plante glabre. *S. maritimus* L. (L. maritime). Marais. ⚇ Juillet-août.

3. Oreillettes des feuilles caulinaires aiguës et étalées horizontalement. *S. oleraceus* L. (L. des cultures). Lieux cultivés, jardins. ⚆ Juin-novembre.
Oreillettes des feuilles caulinaires arrondies, contournées en hélice. *S. asper* Vill. (L. épineux). Lieux secs, champs incultes. ⚆ Juin-novembre.

369. CREPIS [Crépide].

1. Akènes, au moins ceux du disque, prolongés en bec au sommet.   2
Akènes atténués au sommet, mais non prolongés en bec.   4

2. Folioles du péricline munies de soies longues, raides, rousses, non glanduleuses. *C. setosa* Hall. f. (C. hispide). Champs, prés artificiels. ⚆ Juin-août.
Péricline dépourvu de longues soies   3

3. Stigmates brun-livide; pédoncules dressés avant la floraison. *C. taraxacifolia* Thuill. (C. à feuilles de pissenlit). Prés, champs, bord des chemins. ② Mai-juillet.

Stigmates jaunes; pédoncules penchés avant la floraison. *C. fœtida* L. (C. fétide). Lieux secs et incultes, bord des chemins. ① Juin-septembre.

4. Plante poilue-visqueuse; péricline très-glabre. *C. pulchra* L. (C. élégante). Champs pierreux, vignes calcaires. ① Juin-juillet.

Plante non visqueuse.   5

5. Folioles extérieures du péricline appliquées.   6

Folioles extérieures du péricline lâches; feuilles et tige hérissées-rudes. *C. nicæensis* Balb. (C. de Nice). Prés. ② Juin-juillet.

6. Tige droite; calathides dressées en corymbe. *C. virens* Vill. (C. verdoyante). Prés, champs, haies. ① Juin-juillet.

Plante rameuse, diffuse; calathides en corymbe lâche, irrégulier. *C. diffusa* DC. (C. diffuse). Prés, pelouses, champs. ① Juin-octobre.

370. HIERACIUM [Epervière].

1. Plante munie de stolons.   2

Plante dépourvue de stolons.   4

2. Feuilles vertes; tige portant deux ou plusieurs calathides. *H. Auricula* L. (E. Auricule). Prés,

pelouses, champs, bord des bois. ♃ Mai-septembre.
Feuilles blanches en dessous ; une seule calathide .   3

3. Péricline à poils courts. *H. Pilosella* L. (E. Pilo-
selle). Lieux stériles, pelouses sèches, bois. ♃
Mai-septembre.
Péricline hérissé de longs poils roux. *H. pellete-
rianum* DC. (E. de Lepelletier). Lieux sablonneux. ♃ Juin-septembre.

4. Une rosette de feuilles à la base des tiges lors de la
floraison.   5
Rosette détruite au moment de l'anthèse..   20

5. Feuilles des rosettes toutes ou presque toutes contractées ou en cœur à la base ; rarement plus
d'une feuille caulinaire.   6
Feuilles des rosettes toutes ou presque toutes atténuées à la base ; très-souvent plus de deux
feuilles caulinaires.   12

6. Feuilles tachées de pourpre en dessus.   7
Feuilles non maculées en dessus.   9

7. Jeune bouton conique au sommet. *H. ustulatum*
Sauz. et Maill. (E. brûlée). Bord des bois. ♃
Mai-juillet.
Jeune bouton déprimé au sommet.   8

8. Styles d'un jaune sale, un peu livides. *H. gentile*
Jord. (E. apparentée). Bois. ♃ Mai-septembre.

Styles jaunes. *H. vernum* S. et **M.** (E. printanière). Lieux pierreux, bois schisteux ou calcaires. ♃ Avril-octobre.

9. Styles jaunes; feuilles d'un vert cendré. *H. cine-*
rascens Jord. (E. cendrée). Bois. ♃ Mai-juin.
Styles d'un jaune sale 10

10. Péricline et pédoncules couverts de poils à glandes
très-jaunes. 8
Glandes du péricline brunes ou noires. 11

11. Feuilles ovales-aiguës, en cœur à la base; tige
chargée au sommet de poils noirs. *H. sylvica-*
gum Jord. (E. des forêts). Bois. ♃ Mai-juin.
Feuilles oblongues-aiguës, à peine cordiformes;
tige pubescente. *H. nemorense* Jord. (E. des
bois). Bois. ♃ Mai-juin.

12. Feuilles munies de taches pourpres en dessus. . . 13
Feuilles non maculées en dessus. 18

13. Jeune bouton conique. 14
Jeune bouton déprimé au sommet. 16

14. Péricline à poils glanduleux rares ou nuls. *H.*
cruentum Jord. (E. sanglante). Bord des bois.
♃ Mai-juin.
Péricline muni de poils glanduleux très-nombreux. 15

15. Feuilles pourvues de dents longues et étalées. *H.*
elatum S. et M. (E. élancée). Bois. ♃ Mai-juillet.
Feuilles à dents très-courtes, réduites souvent à un

mucron calleux. *H. paucinævum* Jord. (E. peu
tachée). Bois. ♃ Juin-juillet.

16. Quatre à cinq feuilles caulinaires au moins, à dents
longues et étalées. *H. bastardianum* Bor. (E. de
Bastard). Bois. ♃ Juin-juillet.
Moins de quatre feuilles caulinaires, ou feuilles à
dents courtes. 17

17. Feuilles caulinaires ovales-lancéolées ou lancéolées; calathides très-grandes; péricline et tige
munis de longs poils blancs, mous. *H. insigne*
S. et M. (E. distinguée). Bois rocailleux, calcaires
ou schisteux. ♃ Mai-juin.
Feuilles caulinaires largement ovales-aiguës. (*H.
nævuliferum* Jord. (E. tachée). Bois. ♃ Juin-
juillet.

18. Quatre à cinq feuilles caulinaires au moins, vertes,
ou feuilles à dents saillantes. 19
Moins de quatre feuilles caulinaires, jaunâtres, rou-
gissant quelquefois, ou dents peu saillantes. *H.
flavidum* S. et M. (E. blonde). Bois. ♃ Juin-
juillet.

19. Feuilles linéaires-lancéolées, acuminées. *H. acumi-
natum* Jord. (E. acuminée). Bois. ♃ Juillet.
Feuilles largement ovales-aiguës 16

20. Feuilles tachées de pourpre en dessus. *H. boræa-
num* Jord. (E. de Boreau). Bois. ♃ Juin-juillet.
Feuilles non maculées en dessus. 21

15*

21. Folioles extérieures du péricline lâches ou étalées. 22
Folioles extérieures du péricline étroitement appliquées. . . . . , ... 27

22. Folioles extérieures du péricline recourbées en dehors. 23
Folioles extérieures du péricline dressées. 24

23. Styles jaunes ; péricline vert. *H. umbelliforme* Jord. (E. ombelliforme). Bois clairs, lieux vagues. ♃ Août-septembre.
Styles un peu sales; péricline d'un vert sombre. *H. umbellatum* L. (E. en ombelle). Bois, bruyères. ♃ Août-octobre.

24. Feuilles supérieures largement ovales-aiguës, sessiles, semi-embrassantes, presqu'en cœur, à base arrondie et bien plus large que la tige. *H. gallicum* Jord. (E. de France). Bois calcaires ou argileux. ♃ Août-septembre.
Feuilles supérieures linéaires ou linéaires-lancéolées. 25

25. Akènes fauves; styles olivâtres; feuilles à dents saillantes, porrigées. *H. micans* S. et M. (E. brillante). Bois schisteux. ♃ Juin-juillet.
Akènes d'un pourpre noir. 26

26. Feuilles minces, molles, d'un vert clair, longuement lancéolées, souvent très-rapprochées au milieu de la tige; styles livides. *H. concinnum* Jord. (E. mignonne). Bois. ♃ Août-septembre.
Feuilles raides, vertes, linéaires ou linéaires-lan-

céolées, jamais rapprochées; styles jaunes. *H. rigens* Jord. (E. raide). Bois. ⚥ Août-septembre.

27. Calathides supérieures en ombelle irrégulière. *H. pseudosciadium* Bor. (E. en fausse ombelle). Bois. ⚥ Août-septembre.
Calathides en corymbe ou en panicule. 28

28. Akènes fauves; styles jaunes ou un peu sales ; feuilles rudes sur les deux faces. *H. pictaviense* S. et M. (E. du Poitou). Bois. ⚥ Juillet-août.
Akènes d'un pourpre noir. 29

29. Péricline d'un vert clair, à peine tomenteux. *H. vendeanum* Jord. (E. vendéenne). Bois. ⚥ Juillet-août.
Péricline d'un vert sombre, munis de poils glanduleux ou non glanduleux. *H. procerum* S. et M. (E. allongée). Bois. ⚥ Juillet-août.

371. ANDRYALA [Andryale].

Plante annuelle ou bisannuelle. *A. sinuata* L. (A. sinuée). Lieux pierreux, surtout sablonneux. ⚥ Juillet-septembre.

372. XANTHIUM [Lampourde].

Feuilles blanches en dessous, à 3-5 lobes profonds. *X. spinosum* L. (L. épineuse). Décombres, lieux incultes. ① Juillet-septembre.

373. LYSIMACHIA [Lysimaque].

1. Fleurs en grappes rameuses ; tige pubescente, dressée. *L. vulgaris* L. (L. commune). Bord des eaux. ♃ Juin-septembre.
   Fleurs solitaires et axillaires ; tiges glabres, rampantes. 2

2. Calice à segments ovales-acuminés, en cœur à la base ; feuilles orbiculaires, très-obtuses. *L. Nummularia* L. (L. Nummulaire). Bois humides, haies, fossés. ♃ Juin-août.
   Calice à segments lancéolés – linéaires , subulés ; feuilles ovales-aiguës. *L. nemorum* L. (L. des bois). Lieux couverts, bord des ruisseaux, surtout des terrains granitiques. ♃ Mai-juillet.

374. ANAGALLIS [Mouron].

1. Pédoncules 2-3 fois plus longs que les feuilles ; fleurs roses. *A. tenella* L. (M. fluet). Prés marécageux ou tourbeux. ♃ Juin-août.
   Pédoncules à peu près de la longueur des feuilles. . 2

2. Fleurs rouges. *A. arvensis* L. (M. des champs). Lieux cultivés. ① Juin-octobre.
   Fleurs bleues. *A. cerulea* Lam. (M. bleu). Lieux cultivés, vignes calcaires. ① Juin-octobre.

375. CENTUNCULUS [Centenille].

Fleurs petites, sessiles. *C. minimus* L. (C. naine). Pelouses, lieux mouillés en hiver. ① Juin-septembre.

376. ANDROSACE [Androsace].

Ombelle de fleurs munie à sa base d'une collerette de feuilles ovales. *A. maxima* L. (A. à grand calic e). Champs, pelouses. ① Mars-mai.

377. PRIMULA [Primevère).

1. Fleurs solitaires sur des pédicelles radicaux. *P. grandiflora* Lam. (P. à grandes fleurs). Bois montueux, haies. ♃ Mars-avril.
Pédoncule radical portant plusieurs fleurs pédicellées. 2

2. Fleurs penchées à limbe concave. *P. officinalis* Jacq. (P. officinale). Prés, bois, taillis. ♃ Mars-mai.
Fleurs dressées à limbe plan. *P. variabilis* Goupil. (P. variable). Bois, coteaux couverts, haies. ♃ Mars-mai.

378. HOTTONIA [Hottone].

Hampe terminée par plusieurs verticilles de fleurs. *H. palustris* L. (H. des marais). Mares, fossés. ♃ Mai-juin.

379. CYCLAMEN [Cyclamen].

Gorge de la corolle à 5 angles et à 10 dents. *C. neapolitanum* Tenor. (C. de Naples). Bois, haies. ♃ Août-septembre.

380. SAMOLUS [Samole].

Feuilles lisses, les inférieures spatulées. *S. Vale-*

randi L. (S. de Valerand). Lieux humides, fossés,
♃ Juin-août.

381. UTRICULARIA [Utriculaire].

1. Eperon trois ou quatre fois plus long que large;
   fleurs d'un beau jaune avec des stries orangées;
   segments des feuilles capillaires plus ou moins
   fortement dentés-épineux.   2
   Eperon réduit à un tubercule conique aussi large que
   long; fleurs d'un jaune pâle, avec des stries fer-
   rugineuses; segments des feuilles à lobes sétacés,
   non dentés-épineux. *U. minor* L. (U. naine). Marais, étangs. ♃ Juin-août.

2. Lèvre supérieure de la corolle aussi longue que le
   palais; anthères soudées; hampe grosse, fistuleuse. *U. vulgaris* L. (U. commune). Etangs, fossés. ♃ Juin-août.
   Lèvre supérieure 1-2 fois plus longue que le palais;
   anthères libres; hampe grêle, à peine fistuleuse.
   U. neglecta Lehm. (U. négligée). Etangs, mares.
   ♃ Juin-août.

382. PLANTAGO [Plantain].

1. Hampe nue.   2
   Tige pourvue de feuilles et de rameaux. *P. arenaria*
   Waldst. (P. des sables). Lieux arides sablonneux.
   ① Juin-août.

2. Feuilles ovales ou lancéolées.   3
   Feuilles linéaires ou pennatifides.   8

3. Feuilles pétiolées, plus ou moins dressées.   4
    Feuilles presque sessiles, en rosette appliquée sur la
      terre. *P. media* L. (P. moyen). Prés secs, bord
      des chemins, pelouses calcaires. ♃ Mai-août.

4. Feuilles ovales.   5
    Feuilles lancéolées.   6

5. Epi atténué au sommet ; corolle à lobes ovales-obtus ;
      hampes dressées. *P. major* L. (P. à larges feuilles).
      Pelouses, cours, jardins. ♃ Mai-octobre.
    Epi obtus, lâche à la base ; corolle à lobes lancéolés-
      aigus : hampes arquées-ascendantes. *P. interme-
      dia* Gilib. (P. intermédiaire). Pelouses fraîches,
      lieux mouillés l'hiver. ♃ Juin-octobre.

6. Feuilles couvertes de poils blancs, soyeux. *P. erio-
      phora* Hoff. et Link. (P. laineux). Prés secs. ♃
      Juillet-septembre.
    Feuilles glabres ou très-peu velues.   7

7. Epi ovoïde. *P. lanceolata* L. (P. lancéolé). Prés,
      pâturages, pelouses. ♃ Avril-octobre.
    Epi cylindrique oblong. *P. Tymbali* Jord. (P. de
      Tymbal). Pâturages, pelouses. ♃ Avril-octobre.

8. Feuilles entières ou très-peu dentées, carénées en
      dessous et très-aiguës au sommet. *P. carinata*
      Schrad. (P. caréné). Pelouses sèches. ♃ Mai-sep-
      tembre.
    Feuilles pennatifides ou fortement dentées. *P. coro-
      nopus* L. (P. corne de cerf). Pelouses des terrains
      siliceux. ⊕ Mai-octobre.

383. LITTORELLA [Littorelle].

Plante glabre. *L. lacustris* L. (L. des lacs). Bord des étangs. ♃ Juin-août.

384. EUXOLUS [Euxole].

Feuilles souvent tachées. *E. viridis* Moquin. (E. vert). Pied des murs, décombres. ① Juillet-octobre.

385. AMARANTHUS [Amaranthe].

Bractées membraneuses, plus courtes que le périgone à trois divisions. *A. sylvestris* Desf. (A. sauvage). Lieux cultivés, décombres. ① Juillet-octobre.
Bractées comme épineuses, une fois plus longues que le périgone à cinq divisions. *A. retroflexus* L. (A. recourbée). Lieux cultivés, décombres. ① Juillet-septembre.

386. POLYCNEMUM [Polycnème].

Bractées bien plus longues que le périgone. *P. majus* Al. Br. (P. robuste). Champs secs. ① Juillet-septembre.
Bractées égalant à peine la longueur du périgone. *P. arvense* L. (P. des champs). Champs arides. ① Juin-septembre.

387. ATRIPLEX [Arroche].

Feuilles toutes atténuées en coin à la base. *A. patula*

L. (A. étalée). Décombres, pied des murs, champs.
① Juillet-octobre.
Feuilles inférieures et moyennes hastées, tronquées
à la base. *A. hastata* L. (A. hastée). Terrains frais,
jardins, fossés. ① Juillet-octobre.

388. CHENOPODIUM [Anserine].

1. Feuilles entières. 2
   Feuilles dentées, sinuées ou incisées. 5

2. Feuilles pulvérulentes. 3
   Feuilles non pulvérulentes. 4

3. Tige anguleuse. 5
   Tige cylindrique; plante très-fétide. *C. vulvaria*
   L. (A. fétide). Pied des murs, rues. ① Juillet-
   octobre.

4. Feuilles ovales-obtuses; grappes ramifiées. *C. po-*
   lyspermum L. (A. à graines nombreuses). Lieux
   cultivés. ① Juillet-octobre.
   Feuilles supérieures lancéolées-aiguës; grappes en
   épi simple. *C. acutifolium* Sm. (A. à feuilles aiguës). Lieux cultivés. ① Juillet-octobre.

5. Graines luisantes. 6
   Graines non luisantes. 9

6. Divisions de la fleur carénées sur le dos. 7
   Divisions de la fleur non carénées; feuilles triangulaires. *C. Bonus-Henricus* L. (A. bon Henri).

Pied des murs dans les villages, bord des chemins. ⚥ Mai-septembre.

7. Divisions de la fleur couvrant complètement le fruit.   **8**
Divisions de la fleur laissant le fruit libre et ne le recouvrant qu'imparfaitement. *C. glaucum* L. (A. glauque). Décombres, pied des murs. ☉ Juillet-octobre.

8. Feuilles arrondies, subtrilobées, très-obtuses. *C. opulifolium* Schrad. (A. à feuille d'obier). Lieux cultivés, décombres. ♁ Août-septembre.
Feuilles ovales. *C. paganum* Rchb. (A. des villages). Mêmes lieux. ♁ Août-septembre.

9. Divisions de la fleur couvrant complètement le fruit. *C. murale* L. (A. des murs). Pied des murs, décombres. ♁ Juillet-septembre.
Divisions de la fleur laissant le fruit libre et ne le recouvrant qu'imparfaitement. **10**

10. Feuilles minces, jamais pulvérulentes; fleurs en grappes étalées. *C. hybridum* L. (A. hybride). Lieux cultivés. ♁ Juillet-août.
Feuilles un peu épaisses, plus ou moins munies de points farineux en dessous; fleurs en grappes dressées contre la tige. *C. intermedium* Mert. et Koch. (A. intermédiaire). Pied des murs, rues. ♁ Juillet-août.

389. BLITUM [Blite].

Fruit rouge à la maturité. *B. rubrum* Moq. (B. rouge). Bord des étangs. ☉ Juillet-septembre.

390. RUMEX [Patience].

1. Feuilles hastées ou sagittées. 2
   Non. 4

2. Feuilles hastées, ovales-suborbiculaires, très-glauques sur les deux faces; tiges couchées et redressées. *R. scutatus* L. (P. à écussons). Vieux murs. ♃ Mai-août.
   Feuilles vertes, au moins en dessus; tige droite. 3

3. Oreillettes des feuilles dirigées en bas, presque parallèlement au pétiole. *R. Acetosa* L. (P. Oseille). Lieux herbeux. ♃ Mai-juin.
   Oreillettes étalées et recourbées en haut vers le limbe. *R. Acetosella* L. (P. petite oseille). Pâturages, champs secs. ♃ Avril-juin.

4. Divisions internes du périgone fructifère munies de chaque côté de deux ou plusieurs dents sétacées ou triangulaires-acuminées. 5
   Divisions internes du périgone fructifère entières ou seulement denticulées à la base. 9

5. Une feuille florale sous chaque verticille de fleurs. 6
   Tous ou presque tous les verticilles dépourvus de bractées. 8

6. Rameaux divariqués; feuilles inférieures échancrées des deux côtés en forme de violon. *R. pulcher* L. (P. violon). Bord des chemins, pied des murs. ♂ Juin-juillet.
   Rameaux non divariqués; feuilles inférieures non échancrées. 7

7. Verticilles de fleurs formant une grappe interrompue ; divisions internes du périgone pourvues de dents plus courtes que le limbe. *R. palustris* Sm. (P. des marais). Bord des marais. ♀ Juin-août.
   Verticilles de fleurs confluents ; dents des divisions internes du périgone aussi longues ou plus longues que le limbe. *R. maritimus* L. (P. maritime). Bord des marais. ♀ Juin-août.

8. Feuilles inférieures échancrées de chaque côté comme un violon.   6
   Feuilles non échancrées. *R. obtusifolius* L. (P. à feuilles obtuses). Bord des chemins, cours, pied des murs. ♃ Juin-septembre.

9. Une seule des divisions externes du périgone munie d'une callosité.   10
   Toutes les divisions munies d'une callosité..   11

10. Divisions internes du périgone arrondies en cœur ; feuilles ovales ou lancéolées. *R. Patientia* L. (P. officinale). Jardins, autour des habitations. ♃ Juin-août.
   Divisions linéaires-oblongues ; feuilles en cœur à la base. *R. nemorosus* Schrad. (P. des bois). Bois, chemins couverts. ♃ Juin-août.

11. Divisions internes du périgone étroitement oblongues ; presque tous les verticilles munis de feuilles bractéales. *R. conglomeratus* Murr. (P.

agglomérée). Bord des chemins, des haies, des
bois. ⚥ Juillet-août.

Divisions internes du périgone aussi larges ou presque aussi larges que longues; presque tous les
verticilles dépourvus de feuilles bractéales. . . .   12

12. Feuilles très-amples, planes et lisses; divisions internes du périgone ovales-triangulaires, aiguës;
plante aquatique atteignant quelquefois la hauteur de deux mètres. *R. Hydrolapathum* L. (P.
des rivières). Bord des fossés, des rivières, des
marais. ⚥ Juin-septembre.

Feuilles ondulées-crépues; divisions internes du
périgone presque orbiculaires, un peu en cœur;
plante ne dépassant pas un mètre. *R. crispus* L.
(P. crépue). Prés, champs, bord des chemins. ⚥
Juillet-septembre.

391. POLYGONUM [Renouée].

1. Fleurs formant des épis plus ou moins denses à l'extrémité de la tige ou des rameaux.   2
Fleurs fasciculées à l'aisselle des feuilles.   7

2. Divisions périgonales nerviées ou pourvues de points
glanduleux.   3
Divisions externes du périgone dépourvues de nervures saillantes et de points glanduleux.   5

3. Gaîne très-distinctement ciliée; épis grêles, courbés
en arc. *P. Hydropiper* L. (R. poivre d'eau). Fos-

16

sés, lieux humides. ① Juillet-septembre.

Gaîne nullement ou obscurément et brièvement ciliée ; épis raremeut un peu penchés.   4

4. Epis gros, courts, dressés ; tige peu ou point gonflée
aux nœuds. *P. lapathifolium* L. (R. à feuilles
de patience). Bord des rivières, des étangs. ① Juillet-septembre.

Epis lâches, un peu penchés ; tige gonflée aux nœuds.
P. nodosum Pers. (R. à tige noueuse). Mêmes
lieux. ① Juillet-septembre.

5. Pédoncules communs sillonnés ; feuilles un peu en
cœur. *P. amphibium* L. (R. amphibie). Etangs,
fossés. ♃ Juin-août.

Pédoncules lisses ; feuilles non cordiformes. . . .   6

6. Epis filiformes et lâches ; feuilles linéaires ou linéaires-lancéolées. *P. minus* Huds. (R. naine).
Bord sablonneux des marais. ② Juillet-septembre.

Epis oblongs, cylindriques, épais ; feuilles ovales,
elliptiques ou lancéolées. *P. Persicaria* L. (R.
Persicaire). Fossés, lieux humides. ① Juillet-
septembre.

7. Feuilles profondément en cœur et sagittées, longuement pétiolées.   8

Feuilles ni sagittées, ni longuement pétiolées. . . .   9

8. Divisions externes du périgone munies d'une carène
ailée ; tige lisse, cylindrique. *P. dumetorum* L.

(R. des buissons). Haies, lieux cultivés. ① Juillet-
août.

Divisions externes du périgone obscurément carénées ; tige anguleuse, striée. *P. Convolvulus* L.
(R. Liseron). Mêmes lieux. ① Juillet-août.

9. Rameaux floraux feuillés jusqu'au sommet. 10

Rameaux floraux presque nus, en grappe interrompue ; tige dressée. *P. Bellardi* All. (R. de Bel-
lard). Moissons argilo-calcaires. ① Juillet.

10. Tige étalée ou couchée. 11

Tige droite ou redressée. 13

11. Feuilles lancéolées, élargies, souvent ovales. . . . 12

Feuilles linéaires. *P. microspermum* Jord. (R. à
petites graines). Champs. ① Juillet-octobre.

12. Rameaux très-longs, couchés presque parallèlement. *P. arenastrum* Bor. (R. des graviers).
Graviers, sables. ① Juillet.

Rameaux un peu ascendants, divergents en tous
sens. *P. aviculare* L. (R. des oiseaux). Lieux vagues, cours, rues, chemins. ① Juillet-octobre.

13. Feuilles assez larges, ovales ou elliptiques. *P.
agrestinum* Jord. (R. agreste). Lieux vagues,
bord des murs. ① Juillet-octobre.

Feuilles linéaires ou lancéolées. *P. rurivagum* Jord.
(R. des guérets). Champs sablonneux après la
moisson. ①

392. VISCUM [Gui].

Feuilles coriaces, lancéolées-obtuses. *V. album* L.
(G. blanc). Sur les pommiers, cormiers, peupliers,
etc. ♃ Mars-avril.

393. THESIUM [Thésion].

Tiges diffuses. *T. humifusum* L. (T. couché). Pelouses arides et incultes. ♃ Juin-septembre.

394. BETULA [Bouleau].

Feuilles deltoïdes, glabres. *B. verrucosa* Ehrh. (B.
verruqueux). Bois, haies. Avril-mai.

395. ALNUS [Aulne].

Feuilles suborbiculaires-obtuses ou émarginées. *A.
glutinosa* Gærtn. (A. glutineux). Bord des eaux.
Février-mars.

396. CORYLUS [Coudrier].

Feuilles ovales-suborbiculaires, brusquement acuminées. *C. Avellana* L. (C. Noisetier). Bois, taillis,
haies. Janvier-février.

397. CARPINUS [Charme].

Feuilles ovales ou oblongues, aiguës. *C. Betulus* L.
(C. commun). Bois, haies. Avril-mai.

398. QUERCUS [Chêne].

1. Feuilles caduques, non épineuses.   2
   Feuilles toujours vertes, persistantes, très-entières
   ou fortement dentées-épineuses. *Q. Ilex* L. (C.
   Yeuse). Bois. Mai.

2. Feuilles pétiolées; pédoncules courts.   3
   Feuilles sessiles ou très-brièvement pétiolées; pédoncules très-allongés. *Q. pedunculata* Ehrh. (C.
   pédonculé). Bois. Avril-mai.

3. Cupules à écailles imbriquées.   4
   Cupules à écailles-linéaires, libres au sommet et re-
   courbées en dehors. *Q. Cerris* L. (C. Cerris).
   Bois. Avril-mai.

4. Feuilles à la fin glabres. *Q. sessiliflora* Sm. (C. à
   fleurs sessiles). Bois. Avril-mai.
   Feuilles plus ou moins tomenteuses ou pubescentes.   5

5. Cupules à écailles un peu lâches au sommet; feuilles
   à duvet fauve-tomenteux en dessous, parsemées
   en dessus de poils étalés. *Q. Toza* Bosc. (C. Tau-
   zin). Bois. Avril-mai.
   Cupules à écailles apprimées; feuilles adultes pu-
   bescentes-blanchâtres en dessous, glabres ou glabrescentes en dessus. *Q. pubescens* Wild. (C. pubescent). Bois pierreux. Mai.

16*

399. FAGUS [Hêtre].

Involucre fructifère couvert d'épines non vulnérantes.
F. sylvatica L. (H. des forêts). Bois, forêts. Avril-
mai.

400. CASTANEA [Châtaignier].

Involucre fructifère couvert d'épines vulnérantes. *C.
vulgaris* Lam. (C. commun). Bois, forêts des terrains siliceux. Mai-juin.

401. FICUS [Figuier].

Arbre à suc laiteux. *F. Carica* L. (F. commun). Rochers arides. Juillet-août.

402. ULMUS [Orme].

1. Graine placée vers le sommet du fruit sous l'échancrure. 2
   Graine placée vers le milieu du fruit. *U. major*
   Smith. (O. à larges feuilles). Bois, allées. Mars-
   avril.

2. Feuilles ovales-acuminées; fruit assez petit. 3
   Feuilles cuspidées; fruit suborbiculaire, large de
   près de 20 millimètres. *U. corylifolia* Host. (O.
   coudrier). Bois. Mars-avril.

3. Arbre élevé, à rameaux dressés. *U. campestris* L.
   (O. champêtre). Bord des bois, haies. Mars-avril.
   Arbre petit, à rameaux tortueux. 4

4. Ecorce subéreuse; fruit plan. *U. suberosa* Ehrh.
   (O. subéreux). Haies. Mars-avril.
   Ecorce non subéreuse; fruit ondulé. *U. nana* Mill.
   (O. nain). Haies. Mars-avril.

403. JUNIPERUS [Genévrier].

Fruit d'un noir bleuâtre à la maturité. *J. communis.*
   L. (G. commun). Bois, bruyères. Avril-mai.

MONOCOTYLÉDONES.

404. ALISMA [Fluteau].

1. Carpelles disposés sur plusieurs rangs en tête globuleuse. 2
Carpelles disposés sur un seul rang. 3

2. Feuilles toutes radicales; tige dressée ou couchée, non radicante, terminée par l'ombelle. *A. ranunculoïdes* L. (F. renoncule). Étangs, fossés, lieux inondés l'hiver. ♃ Juin-septembre.
Tige centrale dressée, les autres couchées et produisant aux nœuds des racines, des feuilles et des fleurs. *A. repens* Cav. (F. rampant). Mêmes lieux. ♃ Juin-septembre.

3. Tiges filiformes, rampantes ou flottantes; fleurs axillaires, blanches. *A. natans* L. (F. nageant). Mares, fossés. ♃ Mai-septembre.
Tiges fortes, dressées, nues; fleurs rosées, en verticille bractéolé. 4

4. Feuilles échancrées en cœur ou arrondies à la base. *A. Plantago* L. (F. Plantin d'eau). Mares, fossés. ♃ Juin-septembre.

Feuilles à limbe atténué aux deux bouts. *A. lanceolatum* With. (F. lancéolé). Mêmes lieux. ♃ Juin-septembre.

405. DAMASONIUM [Damasonie].

Carpelles lancéolés aigus. *D. stellatum* Pers. (D. étoilée). Lieux vaseux inondés l'hiver. ① Mai-juillet.

406. SAGITTARIA [Sagittaire].

Carpelles bordés d'une aile membraneuse. *S. sagittæfolia* L. (S. flèche-d'eau). Marais, fossés, rivières. ♃ Juin-septembre.

407. BUTOMUS [Butome].

Feuilles linéaires, dressées très-longues. *B. umbellatus* L. (B. en ombelle). Bord des eaux. ♃ Juin-août.

408. POTAMOGETON [Potamot].

1. Feuilles, les unes flottantes, les autres submergées, différant par leur forme et leur consistance. . . .   2

Feuilles ordinairement toutes submergées, ne différant que par leur largeur.   5

2. Pédoncules bien plus gros que la tige, renflés de la
base au sommet; feuilles flottantes ovales-oblongues, les submergées linéaires. *P. heterophyllus*
Schreb. (P. hétérophylle). Etangs, rivières. ♃
Juin-août.
Pédoncules de même grosseur que la tige, cylindriques ou peu renflés au sommet.   3

3. Feuilles flottantes à limbe arrondi ou légèrement en
cœur à la base, et formant deux plis saillants
pour s'unir au pétiole.   4
Feuilles flottantes à limbe légèrement décurrent sur
le pétiole, sans former de plis. *P. fluitans* Roth.
(P. flottant). Eaux courantes ou paisibles. ♃
Juillet-septembre.

4. Epi lâche; feuilles inférieures étroites et réduites
au pétiole après la fructification. *P. natans* L.
(P. nageant). Eaux tranquilles. ♃ Juillet-août.
Epi petit, compacte; feuilles inférieures atténuées
aux deux bouts, à limbe persistant. *P. polygoni-*
folius Pourr. (P. à feuilles de renouée). Fossés
des landes tourbeuses. ♃ Juillet-août.

5. Feuilles toutes opposées, distiques, sessiles et am-
plexicaules. *P. densus* L. (P. serré). Mares,
fossés, rivières. ♃ Juin-juillet.
Feuilles inférieures alternes, les supérieures opposées.   6

6. Feuilles ovales ou oblongues, membraneuses-pellu-

7. Feuilles plus ou moins pétiolées. 8

   Feuilles sessiles ou embrassantes. 9

8. Pédoncules grêles, de la grosseur de la tige ; feuilles flottantes ovales, les inférieures lancéolées-obovales. *P. plantagineus* Ducros. (P. plantain). Eaux limpides des marais calcaires. ♃ Juin-août.

   Pédoncules renflés, bien plus gros que la tige ; feuilles oblongues-lancéolées. *P. lucens* L. (P. luisant). Eaux tranquilles, rivières. ♃ Juillet-août.

9. Carpelles à bec recourbé aussi long qu'eux-mêmes ; feuilles linéaires-oblongues, fortement crispées. *P. crispus* L. (P. crispé). Fossés, étangs, rivières. ♃ Juin-septembre.

   Carpelles à bec court ; feuilles largement ovales ou ovales-lancéolées, échancrées en cœur et demi-embrassantes. *P. perfoliatus* L. (P. perfolié). Etangs, rivières. ♃ Juin-août.

10. Stipules soudées avec la partie inférieure de la feuille et formant une gaîne qui entoure la tige ; carpelles gros, demi-circulaires, un peu comprimés. *P. pectinatus* L. (P. pectiné). Fossés, marais, rivières. ♃ Juin-juillet.

   Point de gaîne à la base des feuilles ; stipules soudées entre elles seulement. 11

11. Pédoncule fructifère à peine aussi long que l'épi. *P. obtusifolius* Mert. et Koch. (P. à feuilles obtuses). Étangs, fossés. ♃ Juin-août.

    Pédoncule fructifère 2-4 fois plus long que l'épi. . 12

12. Ordinairement un seul carpelle à bord externe très-convexe - tuberculeux; feuilles capillaires; une étamine. *P. tuberculatus* Ten. et Guss. (P. tuberculeux). Étangs, mares. ♃ Juin-août.

    Ordinairement 4 carpelles lisses, presque globuleux; feuilles linéaires-étroites. *P. pusillus* L. (P. fluet). Fossés, ruisseaux, rivières. ♃ Juin-août.

409. NAIAS [Naïade].

Gaîne des feuilles entière; fruit surmonté par trois styles; dioïque. *N. major* Roth. (N. majeure). Rivières, étangs. ① Juillet-septembre.

Gaîne denticulée - ciliée; fruit surmonté par deux styles; monoïque. *N. minor* All. (N. mineure). Étangs, fossés, rivières. ① Juillet-août.

410. ZANICHELLIA [Zanichellie].

Fruits surmontés par un style qui les égale ou dépasse la moitié de leur longueur; stigmate ovale. *Z. palustris* L. (Z. des marais). Eaux stagnantes. ♃ Mai-juillet.

Style de moitié plus court que le fruit; stigmate presque discoïde. *Z. repens* Bœningh. (Z. rampante). Mares, fossés. ♃ Mai-juillet.

411. TRIGLOCHIN [Troscart].

Capsule dressée contre la tige en longue grappe linéaire. *T. palustre* L. (T. des marais). Marais. ♃
Juin-septembre.

412. HYDROCHARIS [Morrêne].

Feuilles suborbiculaires; fleurs blanches. *H. Morsus-
ranæ* L. (M. aquatique). Eaux stagnantes. ♃
Juillet-août.

413. IRIS [Iris].

1. Fleurs d'un beau jaune. *I. Pseudacorus.* L. (I. faux
    acore). Mares, fossés, bord des rivières. ♃ Avril-
    mai.
    Fleurs bleues ou violettes.   2

2. Fleurs presque sessiles dans une spathe à feuilles ob-
    tuses, scarieuses dans les deux tiers supérieurs. *I.
    germanica* L. (I. d'Allemagne). Coteaux secs,
    murs. ♃ Avril-mai.
    Fleurs longuement pédonculées dans une spathe à
    feuilles scarieuses aux bords, acuminées, très-ai-
    guës. *I. fœtidissima* L. (I. fétide). Haies sèches,
    lieux pierreux, bois secs. ♃ Juin.

414. GLADIOLUS [Glayeul].

Fleurs petites; feuilles linéaires-étroites. *G. illy-
ricus* Koch. (G. d'Illyrie). Landes arides. ♃ Juin.

415. COLCHICUM [Colchique].

Bulbe à 1-3 fleurs, à divisions lancéolées. *C. autumnale* L. (C. d'automne). Prés frais. ♃ Août-septembre.

416. NARCISSUS [Narcisse].

1. Fleurs entièrement jaunes, à couronne campanulée de même longueur que les divisions périgonales. *N. Pseudo-Narcissus* L. (N. faux Narcisse). Prés, bois. ♃ Avril.
Couronne plus courte que les divisions périgonales.　2

2. Couronne bordée de rouge. *N. poeticus* L. (N. des poètes). Prés. ♃ Mai.
Couronne non bordée de rouge; fleurs ordinairement géminées. *N. biflorus* Curtis. (N. à deux fleurs). Prés. ♃ Mai.

417. SPIRANTHES [Spiranthe].

Feuilles radicales lancéolées-linéaires, entourant la base de la tige. *S. æstivalis* Rich. (S. d'été). Marais, prés marécageux. ♃ Juin-août.
Feuilles radicales-ovales ou ovales-oblongues, disposées en rosette latérale par rapport à la tige, les caulinaires bractéiformes. *S. autumnalis* Rich. (S. d'automne). Pelouses sèches. ♃ Août-septembre.

418. EPIPACTIS [Epipactide].

Feuilles larges, ovales; fleurs étalées. *E. latifolia*

All. (E. à larges feuilles). Bois secs. ♃ Juillet.
Feuilles lancéolées, aiguës; fleurs pendantes. *E. pa-lustris* Crantz. (E. des marais). Prés marécageux.
♃ Juin-juillet.

419. LISTERA [Listère].

Fleurs en épi grêle, allongé. *L. ovata* R. Br. (L. à feuilles ovales). Prés frais, bois. ♃ Mai-juin.

420. CEPHALANTHERA [Céphalanthère].

Fleurs rouges; ovaire pubescent. *C. rubra* Rich. (C. rouge). Bois secs calcaires. ♃ Juin.
Fleurs blanches; ovaire glabre. *C. ensifolia* Rich. (C. à feuilles en glaive). Bois calcaires. ♃ Mai.

421. NEOTTIA [Néottie].

Fleurs étalées. *N. Nidus-avis* Rich. (N. nid-d'oiseau). Bois montueux. ♃ Mai-juin.

422. LIMODORUM [Limodore].

Fleurs grandes, dressées. *L. abortivum* Swartz. (L. à feuilles avortées). Bois secs calcaires. ♃ Juin.

423. ORCHIS [Orchis].

1. Tubercules radicaux ovoïdes ou globuleux.   2
   Tubercules palmés ou bifurqués.   13

2. Divisions externes du périgone conniventes en cas-

que.   3

Divisions externes du périgone étalées ou réfléchies
en forme d'ailes.   10

3. Casque aigu en avant ; label à 4 lobes, avec une petite pointe dans l'échancrure du milieu.   4
Casque obtus en avant, ou label à 3-4 lobes sans
pointe médiane.   7

4. Casque d'un blanc rosé-cendré en dessus.   5
Casque purpurin ou d'un pourpre noir au moins
aux fleurs du sommet.   6

5. Divisions de l'extrémité du label linéaires. *O. Simia*
Lam. (O. singe). Prés, coteaux calcaires. ♃
Mai-juin.
Divisions de l'extrémité du label arrondies. *O. mili-*
taris L. (O. militaire). Prés, coteaux calcaires.
♃ Mai-juin.

6. Casque d'un pourpre noir ; lobe moyen du label
large, brièvement et insensiblement atténué à
la base. *O. purpurea* Huds. (O. pourpre). Prés,
buissons, bord des bois calcaires. ♃ Mai-juin.
Casque purpurin ; lobe moyen du label longuement
et brusquement contracté. *O. hybrida* Bœningh.
(O. hybride). Prés, coteaux calcaires. ♃ Mai-
juin.

7. Epi serré, d'un pourpre noir au sommet ; éperon
bien plus court que l'ovaire. *O. ustulata* L. (O.
brûlé). Prés, ♃ Mai.
Epi jamais d'un pourpre noir au sommet.   8

8. Fleurs d'un rouge livide.   9
    Fleurs rosées, violacées ou blanches. *O. Morio* L.
    (O. bouffon). Prés, pelouses. ♃ Mai-juin.

9. Divisions du périgone soudées en casque aigu;
    fleurs à odeur de punaise. *O. coriophora* L. (O.
    punaise). Prés, landes. ♃ Mai.
    Divisions du périgone libres, les externes non con-
    tiguës; odeur agréable. *O. fragrans* Poll. (O.
    suave). Prés. ♃ Mai.

10. Toutes les bractées à une seule nervure; feuilles
    souvent maculées de brun. *O. mascula* L. (O.
    mâle). Prés, pelouses, haies. ♃ Avril-mai.
    Bractées, au moins les inférieures, à 3-5 nervures.   11

11. Label à trois lobes dont le moyen égale ou dépasse
    les latéraux.   12
    Label trilobé, à lobe moyen plus court que les laté-
    raux ou même presque nul; divisions externes
    du périgone dressées. *O. laxiflora* Lam. (O. à
    fleurs lâches). Prés humides. ♃ Mai.

12. Bractées plus courtes que l'ovaire, les supérieures
    uninerviées; divisions externes du périgone dres-
    sées. *O. palustris* Jacq. (O. des marais). Prés et
    marais surtout dans le calcaire. ♃ Juin.
    Bractées plus longues que l'ovaire; divisions ex-
    ternes du périgone étalées horizontalement. *O.
    alata* Fleury. (O. ailé). Prés frais. ♃ Mai-juin.

13. Fleurs d'un blanc lilas ou rosées; label plan;

feuilles ordinairement maculées. *O. maculata* **L.**
(O. maculé). Bois, landes, prés marécageux. ♃
Mai-juin.

Fleurs purpurines ou roses; label déjeté sur les
côtés, plié en deux. **14**

14. Feuilles inférieures ovales-oblongues, lâches; fleurs
d'un rose clair ou roses, en épi serré. *O. latifolia*
(O. à larges feuilles). Prés marécageux. ♃ Juin.

Feuilles dressées, lancéolées, insensiblement rétrécies jusqu'au sommet; fleurs purpurines, en épi
un peu lâche. *O. incarnata* **L.** (O. incarnat).
Prés marécageux. ♃ Mai-juin.

424. GYMNADENIA [Gymnadénie].

Eperon presque deux fois plus long que l'ovaire. *G.
conopsea* **R. Br.** (G. moucheron). Prés, coteaux.
♃ Mai-juin.

Eperon à peine aussi long que l'ovaire. *G. odoratis-
sima* **Rich.** (G. odorante). Prés humides calcaires. ♃ Mai-juin.

425. ANACAMPTIS [Anacamptide].

Fleurs en épi conique. *A. pyramidalis* **Rich.** (A. pyramidale). Coteaux secs, prés, bois, surtout dans
le calcaire. ♃ Juin.

426. PLATANTHERA [Platanthère].

Eperon subulé; loges des anthères rapprochées,

parallèles. *P. bifolia* Rich. (P. à deux feuilles).
Prés et bois frais. ♃ Juin.
Eperon en massue grêle ; loges des anthères diver-
gentes à la base et non parallèles. *P. chlorantha*
Cust. (P. jaunâtre). Bois, surtout dans le calcaire.
♃ Mai-juin.

427. HABENARIA [Habénaire].

Bractées bien plus longues que l'ovaire. *H. viridis*
R. Br. (H. vert). Prés humides. ♃ Mai-juin.

428. HYMANTOGLOSSUM [Hymantoglosse].

Fleurs à odeur de bouc. *H. hircinum* Rich. (H. à
odeur de bouc). Coteaux, buissons secs, haies.
♃ Juin-juillet.

429. ACERAS [Acéras].

Fleurs en épi cylindracé, allongé. *A. anthropophora*
R. Br. (A. homme-pendu). Coteaux, pelouses
arides calcaires. ♃ Mai-juin.

430. OPHRYS [Ophrys].

1. Lobes supérieurs du périgone verdâtres. 2
   Lobes supérieurs du périgone roses. 3

2. Label à 4 lobes distincts. *O. myodes* Jacq. (O. mou-
   che). Taillis, coteaux calcaires. ♃ Mai-juin.
   Label large, concave, indivis ou muni de deux dents
   latérales peu saillantes. *O. aranifera* Sm. (O. araignée). Coteaux secs calcaires. ♃ Mai-juin.

3. Appendice de l'extrémité du label dirigé en dessus. *O. arachnites* Hoffm. (O. fausse araignée). Pelouses sèches, surtout calcaires. ⚕ Mai-juin.
Appendice de l'extrémité du label dirigé en dessous. *O. apifera* Huds. (O. abeille). Prés, pelouses sèches, taillis, coteaux calcaires. ⚕ Mai-juin.

131. SERAPIAS [Elléborine].

Label largement ovale, presque en cœur. *S. cordigera* L. (E. en cœur). Prés frais, bois. ⚕ Juin.

132. TAMUS [Tamier].

Feuilles luisantes, cordiformes; fruit bacciforme. *T. communis* L. (T. commun). Haies, bois. ⚕. Mai-juin.

133. TULIPA [Tulipe].

Fleur jaune, teintée de rouge en dehors. *T. celsiana* DC. (T. de Cels). Pelouses schisteuses. ⚕ Avril-mai.

134. FRITILLARIA [Fritillaire].

Fleur panachée de carreaux blanchâtres et violets. *F. Meleagris* L. (F. pintade). Prés. ⚕ Avril.

135. SCILLA [Scille].

1. Fleurs en ombelle, munies de bractées. *S. verna*

Huds. (S. du printemps). Prés, bois, coteaux. ♃ Avril-mai.
Fleurs en grappe, dépourvues de bractées. 2

2. Trois feuilles au plus, linéaires-lancéolées, presque aussi longues que la tige. *S. bifolia* L. (S. à deux feuilles). Coteaux secs pierreux, bord des prés. ♃ Mars-avril.
Trois feuilles au moins, linéaires-filiformes, presque une fois plus écartes que la tige. *S. autumnalis* L. (S. d'automne). Pelouses schisteuses, lieux incultes. ♃ Juillet-septembre.

536. ALLIUM (Ail).

1. Divisions du périgone étalées. 2
Divisions du périgone campanulées-conniventes. . . 3

2. Fleurs blanches; feuilles planes-élargies. *A. ursinum* L. (A. des ours). Haies, bois humides. ♃ Mai.
Fleurs roses; feuilles linéaires. *A. Schœnoprasum* L. (A. Civette). Coteaux, pelouses, sur le gneiss. ♃ Juin.

3. Feuilles ayant au moins un centimètre de largeur, planes; tête de fleurs très-fournie. *A. polyanthum* R. et Schul. (A. multiflore). Coteaux, vignes, bord des haies dans le calcaire. ♃ Juin.
Feuilles linéaires-étroites. 4

4. Spathe dépassant à peine le capitule fleuri, ou plus courte. 5
Spathe beaucoup plus longue que le capitule fleuri. 8

5. Fleurs d'un beau rouge, non accompagnées de bul-
    billes.   6
    Capitule formé de bulbilles seulement, ou de fleurs
    entremêlées de bulbilles.   7

6. Fleurs d'un beau rouge pourpre, en capitule toujours
    arrondi. *A. sphærocephalum* L. (A. à tête ronde).
    Moissons. ♃. Juin-août.
    Fleurs d'un rouge vineux ou d'un rouge pâle, en capi-
    tule d'abord arrondi, puis ovoïde. *A. Deseglisei*
    Bor. (A. de Déséglise). Moissons. ♃ Juin-août.

7. Bulbilles fusiformes ; fleurs blanchâtres. *A. nitens*
    Sauzé et Maill. (A. brillant). Coteaux pierreux cal-
    caires. ♃ Juin-juillet.
    Bulbilles ovoïdes ; fleurs rosées. *A. vineale* L. (A.
    des vignes). Murs, vignes, champs. ♃ Juin-juillet.

8. Capitule portant des fleurs et des bulbilles.   9
    Capitule dépourvu de bulbilles ; fleurs très-nom-
    breuses. *A. paniculatum* L. (A. paniculé). Vignes.
    ♃ Juillet-août.

9. Feuilles semi-cylindriques, canaliculées en dessus.
    A. oleraceum L. (A. des cultures). Coteaux, vi-
    gnes, rochers. ♃ Juillet-août.
    Feuilles planes dans leur moitié supérieure. *A. com-
    planatum* Bor. (A. à feuilles planes). Haies, brous-
    sailles. ♃ Juillet-août.

437. ORNITHOGALUM [Ornithogale].

Fleurs jaunâtres en épi. *O. sulfureum* R. et Schu.1

(O. soufre). Prés, bois, haies. ♃ Mai-juin.

Fleurs d'un beau blanc. *O. angustifolium* Bor. (O. à feuilles étroites). Prés, bord des haies, bois. ♃ Mai.

438. GAGEA [Gagée].

1. Feuilles bractéales opposées ; divisions du périgone aiguës, pubescentes, surtout à la base et au sommet. *G. arvensis* Schultes. (G. des champs). Champs cultivés. ♃ Mars-avril.

Feuilles bractéales alternes ; divisions du périgone obtuses, glabres au sommet. 2

2. Feuilles glabres. *G. saxatilis* Koch. (G. des rochers). Coteaux, pelouses. ♃ Février.

Feuilles pubescentes. *G. bohemica* Schultes. (G. de Bohême). Pelouses sur les coteaux. ♃ Février.

439. AGRAPHIS [Agraphide].

Fleurs bleues, odorantes. *A. nutans* Link. (A. penchée). Bois. ♃ Avril-mai.

440. MUSCARI [Muscari].

Epi ovoïde, court, dépourvu de fleurs stériles au sommet. *M. racemosum* DC. (M. à grappe). Prés, champs, vignes. ♃ Mars-avril.

Epi très-long à la fin, lâche, portant une touffe de fleurs stériles au sommet. *M. comosum* Mill. (M. à toupet). Moissons, champs cultivés. ♃ Mai-juin.

441. SIMETHIS [Simethis].

Fleurs rosées en panicule lâche. *S. bicolor*. Kunth. (S. bicolore). Landes, bruyères. ♃ Mai-juin.

442. ASPHODELUS [Asphodèle].

Fleurs blanches à nervure dorsale brunâtre. *A. sphæ-rocarpus* GG. (A. à fruits sphériques). Bois. ♃ Avril-mai.

443. POLYGONATUM [Sceau de Salomon].

Étamines à filets glabres ; tige anguleuse. *P. vul-gare* Desf. (S. commun). Bois. ♃ Mai.
Étamines à filets velus ; tige arrondie. *P. mul-tiflorum* All. (S. multiflore). Bois. ♃ Avril-mai.

444. CONVALLARIA [Muguet].

Feuilles ovales, lancéolées, radicales. *C. maïalis* L. (M. de mai). Bois. ♃ Avril-mai.

445. ASPARAGUS [Asperge].

Fleurs jaunâtres, munies d'une raie verte sur le dos des segments. *A. officinalis* L. (A. officinale). Lieux sablonneux. ♃ Juin-août.

446. RUSCUS [Fragon).

Fleurs verdâtres ou violacées. *R. aculeatus* L. (F. piquant). Bois. ♃ Décembre-mars.

447. JUNCUS [Jonc].

1. Feuilles nulles ou radicales.   2
   Tige florifère plus ou moins feuillée.   6

2. Inflorescence terminale.   3
   Inflorescence paraissant latérale.   4

3. Racine fibreuse; plante de 3-12 centimètres. *J. capitatus* Weigel. (J. en tête). Lieux sablonneux humides. ⚥ Juin.
   Souche à rhyzòmes horizontaux et traçants; plante de 6-10 décimètres. *J. maritimus* Lam. (J. maritime). Lieux marécageux. ♃ Juin-juillet.

4. Tiges glauques, fortement striées, tenaces, à moelle interrompue. *J. glaucus* Ehrh. (J. glauque). Bord des fossés, lieux humides. ♃ Juin-juillet.
   Tiges d'un vert jaunâtre, fragiles, peu ou point striées, à moelle continue.   5

5. Tiges finement striées; capsule pourvue au sommet déprimé d'un mamelon qui porte la base du style; panicule serrée. *J. conglomeratus* L. (J. aggloméré). Fossés, lieux humides. ♃ Juin-juillet.
   Tiges très-lisses sur le frais; capsule dépourvue au sommet de mamelon et surmontée par la base du style; panicule lâche. *J. effusus* L. (J. étalé). Fossés, lieux humides. ♃ Juin-juillet.

6. Fleurs agglomérées en petits capitules, ou feuilles paraissant noueuses quand on les fait glisser entre

les doigts.   7

Fleurs solitaires , formant une panicule grêle, interrompue ; feuilles n'étant pas noueuses   15

7. Racine fibreuse. *J. pygmæus* Thuill. (J. pygmée).
Lieux sablonneux mouillés l'hiver. ⊙ Mai-juin.
Rhizômes traçants ; vivace.   8

8. Capsule tronquée, à peu près de la longueur du
périgone ; feuilles étroitement canaliculées en
dessus. *J. uliginosus* Mey. (J. des fanges). Bord
des marais, des étangs, lieux humides. ♃ Juin-
août.
Capsule aiguë ou mucronée ; feuilles cylindriques-
comprimées, non canaliculées.   9

9. Tous les lobes du périgone obtus ; fleurs pâles. *J.
obtusiflorus* Ehrh. (J. à fleurs obtuses). Lieux
marécageux du calcaire, fossés. ♃ Juin-juillet.
Trois des lobes ou tous les lobes du périgone
aigus.   10

10. Bractées vertes, étroites.   11
Bractées blanches, larges, membraneuses. *J. hete-
rophyllus* L. Duf. (J. à deux sortes de feuilles).
Mares, étangs. ♃ Mai-juillet.

11. Tiges et rameaux striés, rudes. *J. asper* Sauzé et
Maill. (J. rude). Prés humides et marécageux. ♃
Mai-juin.
Tiges et rameaux lisses.   12

12. Lobes intérieurs du périgone obtus, les extérieurs
    aigus. *J. lampocarpus* Ehrh. (J. à fruits brillants).
    Prés humides, marais. ♃ Mai-juin.
    Tous les lobes du périanthe aigus.   13

13. Fleurs petites; lobes intérieurs du périgone à pointe
    courbée en dehors. *J. acutiflorus* Ehrh. (J. à
    fleurs aiguës). Prés humides, marais. ♃ Mai-
    août.
    Fleurs grandes; lobes du périgone tous à pointe
    dressée.   14

14. Corymbe étalé; capsule ovoïde. *J. brevirostris* Nees.
    (J. à bec court). Prés humides. ♃ Mai-juin.
    Corymbe dressé; capsule ovoïde – lancéolée. *J.
    striatus* Schousb. (J. strié). Prés humides. ♃
    Mai-juin.

15. Lobes du périgone acuminés – subulés, dépassant
    beaucoup la capsule oblongue. *J. bufonius* L.
    (J. des crapauds). Lieux mouillés l'hiver, champs
    frais. ① Juin-août.
    Lobes du périgone plus courts que la capsule sub-
    globuleuse ou la dépassant à peine.   16

16. Racine fibreuse. *J. tenageia* L. fil. (J. des boues).
    Lieux mouillés l'hiver. ① Juin-août.
    Souche à rhizômes traçants. *J. compressus* Jacq.
    (J. comprimé). Pâturages humides et incultes.
    ♃ Juin-août.

448. LUZULA [Luzule].

1. Fleurs solitaires sur les rameaux ou à leur extrémité. 2
   Fleurs rapprochées en glomérules. 3

2. Rameaux étalés ou réfractés à la maturité, ainsi que les pédoncules; feuilles ayant 7-10 millimètres de largeur. *L. pilosa* Willd. (L. poilue). Bois. ♃ Avril-mai.
   Rameaux dressés à la maturité ainsi que les pédoncules; feuilles de 2-5 millimètres de largeur. *L. Forsteri* DC. (L. de Forster). Bois. ♃ Avril-mai.

3. Inflorescence en cime paniculée, grande, étalée. *L. maxima* DC. (L. à larges feuilles). Bois, rochers. ♃ Mai.
   Fleurs en épis ovoïdes formant par leur réunion une panicule subombelliforme plus ou moins compacte. 4

4. Souche cespiteuse, à racines fibreuses. *L. multiflora* Lej. (L. multiflore). Bois, landes. ♃ Mai.
   Souche stolonifère. *L. campestris* DC. (L. des champs. Bois, pelouses, coteaux. ♃ Avril.

449. TYPHA [Massette].

1. Epi mâle et épi femelle contigus ou très-rapprochés. 2
   Epis sensiblement éloignés l'un de l'autre. *T. angustifolia* L. (M. à feuilles étroites). Etangs, marais. ♃ Mai-juin.

2. Feuilles glaucescentes, larges de plus de deux cen-

timètres. *T. latifolia* L. (M. à larges feuilles).
Etangs, marais, rivières. ♃ Mai.
Feuilles vertes, larges d'un centimètre. *T. elata* Bor.
(M. élevée). Etangs, marais. ♃ Mai-juin.

450. SPARGANIUM [Rubanier].

1. Fruits réunis en capitules globuleux, formant une
grappe terminale rameuse. *S. ramosum* Huds. (R.
rameux). Marais, étangs, fossés. ♃ Juin-août.
Capitules formant une grappe simple 2

2. Feuilles dressées, triquètres à la base et à faces la-
térales planes. *S. simplex* Huds. (R. simple).
Etangs, marais, fossés. ♃ Juin-août.
Feuilles tombantes ou flottantes, planes dans toute
leur longueur. *S. minimum* Bauhin (R. nain).
Marais, fossés marécageux. ♃ Juillet-août.

451. LEMNA [Lentille d'eau].

1. Frondes triangulaires-lancéolées. *L. trisulca* L. (L.
à trois lobes). Souvent submergée. ⚊ Juin-juillet.
Frondes ovales ou arrondies, sans lobes pointus. . . 2

2. Point de radicelles. *L. arhiza* L. (L. sans racines).
Mêlée aux autres espèces. ① Juin-novembre.
Une seule radicelle. 3
Plusieurs radicelles en faisceau. *L. polyrhiza* L. (L. à
plusieurs racines). Flottante. ① Eté.

3. Frondes planes ou très-légèrement convexes. *L. mi-nor* L. (L. petite). Flottante. ① Eté.
Frondes fortement gonflées en dessous. *L. gibba* L. (L. gibbeuse). Flottante. ① Eté.

452. ARUM [Gouet].

Spathe verdâtre, quelquefois bordée de violet; spadice à rangées de filaments au-dessus des étamines, et se terminant par une massue violette. *A. macula-tum* L. (G. maculé). Bois, haies. ♃ Avril-mai.
Spathe jaunâtre; spadice à filaments au–dessus et au-dessous des étamines, et se terminant en massue jaunâtre. *A. italicum* Mill. (G. d'Italie). Bois, haies. ♃ Avril-mai.

453. CYPERUS [Souchet].

1. Racine fibreuse; plante ne dépassant pas trois déci-mètres.   2
Souche épaisse, longuement rampante; plante de 8-12 décimètres. *C. longus* L. (S. allongé). Bord des rivières, des fossés. ♃ Juillet-août.

2. Trois stigmates; écailles brunâtres; tiges triquêtres. *C. fulvus* L. (S. brun). Lieux humides ou maré-cageux. ① Juillet-septembre.
Deux stigmates; écailles roussâtres; tiges à peine trigones. *C. flavescens* L. (S. jaunâtre). Lieux hu-mides ou marécageux. ① Juillet-Septembre.

454. SCHOENUS [Choin].

Racine fibreuse; bractée terminée en pointe dépassant les fleurs, d'un brun luisant. *S. nigricans* L. (C. noirâtre). Lieux tourbeux et marécageux. ♃ Mai-juillet.

455. CLADIUM [Cladie].

Racine rampante; tige d'un mètre; épillets en capitules axillaires et terminaux. *C. Mariscus* R. Brown. (C. marisque). Lieux marécageux, bord des étangs. ♃ Juillet-août.

456. HELEOCHARIS [Héléocharis].

1. Racine ou souche fibreuse.	2
Souche longuement rampante.	4

2. Epi oblong; souche courte. *H. multicaulis* Dietr. (H. multicaule). Landes et lieux tourbeux. ♃ Mai-juin.
Epi ovoïde ou subglobuleux; racine fibreuse, annuelle. 3

3. Tiges sillonnées, tétragones; trois stigmates. *H. acicularis* R. Br. (H. épingle). Bords des étangs, des rivières. ① Juillet-septembre.
Tiges arrondies ou un peu comprimées; deux stigmates. *H. ovata.* R. Br. (H. ovale). Bords desséchés des étangs. ① Juin-septembre.

4. Ecaille inférieure de l'épi à peine demi-embrassante. *H. palustris* R. Br. (H. des marais). Marais, fossés. ♃ Juin-août.
Ecaille florale inférieure embrassant presque com-

plètement la base de l'épi. *H. uniglumis* Koch.
(**H.** à une seule écaille). Marais. ♃ Juin-septembre.

457. scirpus [Scirpe].

1. Epi solitaire terminant la tige et les rameaux ; tiges
couchées ou flottantes. *S. fluitans* **L.** (**S.** flottant).
Fossés, mares. ♃ Juin-août.
Deux ou un plus grand nombre de capitules, ou un
seul latéral sur une tige dressée.   2

2. Chaumes non feuillés, arrondis.   3
Chaumes feuillés, triquêtres.   6

3. Racine fibreuse ; chaumes filiformes. *S. setaceus* **L.**
(**S.** sétacé). Bord des eaux, lieux humides l'hiver.
⊙ Juin-septembre.
Souche oblique ou rampante ; plante élevée.   4

4. Epis ovoïdes ; tige molle, spongieuse.   5
Epis globuleux, compactes, longuement dépassés par
l'une des bractées ; tige ferme. *S. Holoschœnus* **L.**
(**S.** jonc). Marais. ♃ Juillet-août.

5. Plante verte ; trois stigmates ; akènes largement
obovés-trigones. *S. lacustris* **L.** (**S.** des lacs). Marais, étangs, rivières. ♃ Juin-juillet.
Plante glauque ; deux stigmates ; akènes comprimés,
à faces convexes. *S. Tabernœmontani* Gmel. (**S.**
de Tabernœmontanus). Fossés, cours d'eau, marais. ♃ Juin-août.

6. Ecailles florales obtuses, munies d'une nervure dorsale qui se prolonge en court mucron; souche non tuberculeuse. *S. sylvaticus* L. (S. des forêts). Ruisseaux, prés et bois humides. ♃ Juillet-septembre.
Ecailles florales bifides au sommet, à lobes aigus, dentés, séparés par un mucron rude et assez long; souche renflée çà et là en tubercules. *S. maritimus* L. (S. maritime). Fossés, étangs, bord des eaux. ♃ Juillet-septembre.

458. ERIOPHORUM [Linaigrette].

1. Pédicelles des capitules rudes ou comme tomenteux; akènes arrondis et mucronés au sommet. 2
Pédicelles lisses; akènes atténués en pointe au sommet. *E. angustifolium*. Roth. (L. à feuilles étroites). Prés marécageux ou tourbeux, surtout dans les terrains schisteux ou granitiques. ♃ Avril-juin.

2. Pédoncules comme tomenteux; souche longuement rampante. *E. gracile* Koch. (L. grèle). Marais spongieux. ♃ Avril-juin.
Pédoncules rudes, non tomenteux; souche courte, oblique. *E. latifolium* Hoppe. (L. à larges feuilles). Landes et prés marécageux. ♃ Mai-juin.

459. CAREX [Laiche].

1. Epi solitaire, simple et terminal, mâle au sommet;

fleurs femelles lâches. *C. pulicaris* L. (L. pu-
cière). Landes et prés tourbeux. ♃ Mai.
Epi composé, terminal, formé d'épillets réunissant
des fleurs mâles et des fleurs femelles. 2
Un ou plusieurs épis mâles au sommet de la tige,
un ou plusieurs épis femelles axillaires. 10

2. Souche rampante. 3
Souche non rampante. 4

3. Epillets 10-20, tous unisexuels, les supérieurs et les
inférieurs femelles, ceux du milieu mâles. *C. dis-
ticha* Huds. (L. distique). Prés marécageux. ♃
Mai-juin.
Epillets 3-6, tous munis d'étamines et de pistils,
mâles au sommet. *C. divisa* Huds. (L. divisée).
Prés humides. ♃ Mai-juin.

4. Epillets disposés en panicule rameuse lâche. *C.
paniculata* L. (L. paniculée). Bord des eaux,
marais. ♃ Mai-juin.
Epillets non disposés en panicule lâche. 5

5. Epillets du sommet de l'épi mâles, ceux de la base
femelles. 6
Epillets du sommet de l'épi femelles, ceux de la base
mâles 8

6. Tige triquètre, très-rude, à faces excavées. *C. vul-
pina* L. (L. jaunâtre). Bord des fossés, prés humides. ♃ Avril-mai.
Tige à faces non excavées, ni à angles très-rudes. . 7

7. Epillets espacés; utricules étalés-dressés, non spon-
gieux à la base. *C. divulsa* Good. (L. écartée).
Bois, bord des haies. ♃ Mai-juin.
Epillets rapprochés; utricules étalés - divergents,
spongieux à la base. *C. muricata* L. (L. rude).
Bois, bord des chemins. ♃ Mai-juin.

8. Bractée foliacée dépassant la longueur de la tige.
C. remota L. (L. espacée). Lieux frais, fossés. ♃
Mai-juin.
Epis non dépassés par une longue bractée.   9

9. Epis rapprochés les uns des autres. *C. leporina* L.
(L. de lièvre). Pàturages, chemins, bois humides.
♃ Mai-juin.
Epis, au moins les inférieurs, écartés, à utricules
divariqués en étoiles. *C. stellulata* Good. (L.
étoilée). Prés et marais tourbeux. ♃ Avril-mai.

10. Utricules fructifères à bec court ou presque nul,
non bicuspidé.   11
Utricules fructifères atténués en bec long, bicuspidé.   22

11. Deux stigmates; utricules glabres.   12
Trois stigmates.   13

12. Souche cespiteuse; gaine des feuilles se déchirant
en réseau. *C. stricta* Good. (L. raide). Marais. ♃
Mars-avril.
Souche rampante, stolonifère; gaine des feuilles ne
se déchirant pas en réseau. *C. acuta.* L. (L.

aiguë). Prés humides ou marécageux, fossés. ♃ Avril-mai.

13.   Utricules fructifères glabres. **14**
Utricules fructifères velus. **18**

14.   Souche cespiteuse. **15**
Souche rampante, stolonifère. **16**

15.   Epis femelles longuement pédonculés, longuement cylindriques, pendants; tige lisse, si ce n'est entre les épis. *C. maxima* Scop. (L. géante). Lieux humides ombragés, bois, fossés. ♃ Mai.
Epis femelles ovoïdes-oblongs, à la fin penchés; tiges rudes et velues sur les angles. *C. pallescens* L. (L. pâle). Bois, lieux frais. ♃ Avril-mai.

16.   Epi mâle solitaire. **17**
Deux-trois épis mâles, rarement un seul; épis femelles cylindriques, serrés, à utricules elliptiques-comprimés. *C. glauca* Scop. (L. glauque). Landes et prés marécageux, coteaux et bois secs. ♃ Avril-mai.

17.   Epis femelles 1-2, à utricules gros, ovoïdes. *C. panicea* L. (L. panic). Landes et prés marécageux. ♃ Avril-mai.
Epis femelles 3-4, à utricules petits, fusiformes. *C. strigosa* Huds. (L. à épis grêles). Bois humides, marais. ♃ Mai.

18.   Bractée inférieure non engaînante. **19**

Bractée inférieure engaînante. *C. gynobasis* Vill.
(L. gynobase). Pelouses sèches, surtout dans le
calcaire. ♃ Mai-juin.

19. Souche cespiteuse, fibreuse. *C. pilulifera* L. (L. à
pilules). Coteaux, pelouses, bois secs. ♃ Mai-
juin.
Souche non cespiteuse, très-épaisse ou stolonifère.   20

20. Tige tombante à la maturité; épi mâle noir; souche
dure, épaisse. *C. montana* L. (L. de montagne).
Bois. ♃ Mai.
Tige toujours dressée; épi mâle pâle ou roussâtre;
souche stolonifère. 21

21. Bractée entièrement foliacée, étalée presque toujours horizontalement; épi mâle, grêle, aigu. *C.
tomentosa* L. (L. tomenteuse). Prés, pâturages
calcaires. ♃ Avril-mai.
Bractée inférieure membraneuse à la base, contractée en une pointe courte, herbacée; épi mâle,
gros, en massue. *C. præcox* Jacq. (L. précoce).
Pelouses et coteaux secs, landes, bois. ♃ Mars-
avril.

22. Utricules glabres. 23
Utricules velus ainsi que toute la plante. *C. hirta*
L. (L. hérissée). Lieux humides, prés, fossés. ♃
Mai-juin.

23. Souche cespiteuse, sans stolons; un seul épi mâle.   24
Souche stolonifère, rampante; deux ou plusieurs
épis mâles. 31

24. Limbe de l'écaille plus court que le fruit, mais le
dépassant par une longue pointe subulée ; **tige
très-rude**. *C. pseudo-cyperus* L. (L. faux-souchet).
Marais, fossés, bord des étangs. ♃ Avril-mai.
Fruit non dépassé par une pointe longue et rude. .

25. Utricules étalés ou réfléchis. . . . .
Utricules dressés. . . . .

26. Epi mâle pédonculé ; épis femelles presque toujours
rapprochés au sommet de la tige ; bec des utricules à la fin courbé en bas. *C. flava.* L. (L.
jaune). Prés et lieux marécageux calcaires. ♃
Mai-juin.
Epi mâle brièvement pédonculé ; épi femelle inférieur souvent très-écarté ; utricules à bec droit, divariqués, mais non réfléchis. *C. Œderi* Ehrh. (L.
d'ŒEder). Prés et lieux marécageux. ♃ Mai-juin.

27. Epis femelles dressés. . . . .
Epis femelles, au moins l'inférieur, pendants à la
maturité. . . . .

28. Ecailles femelles lancéolées ou ovales-aiguës, non
mucronées. *C. hornschuchiana* Hoppe. (L. de
Hornschuch). Prés marécageux. ♃ Mai.
Ecailles femelles ovales, mucronées. . . . .

29. Epis femelles lâches, formés de 2-6 utricules gonflés.
C. depauperata Good. (L. appauvrie). Taillis,
buissons, bord des bois. ♃ Mai.
Epis femelles denses ; utricules nombreux, non

gonflés. *C. distans* L. (L. distante). Lieux marécageux. ♃ Avril-mai.

30. Epis femelles linéaires, lâches, tous penchés ou
pendants. *C. sylvatica* Huds. (L. des bois). Bois.
♃ Avril-mai.
Epis femelles compactes, le supérieur sessile, l'inférieur seul penché à la maturité. *C. lœvigata*
Sm. (L. lisse). Bois, prés marécageux ou tourbeux. ♃ Avril-mai.

31. Ecailles des épis femelles de couleur claire, ou scarieuses aux bords. 32
Ecailles des épis femelles d'un brun noirâtre, non
scarieuses aux bords. 33

32. Tige rude. *C. vesicaria* L. (L. vésiculeuse). Prés
humides, marais. ♃ Avril-mai.
Tige lisse. *C. ampullacea* Good. (L. ampoulée).
Marais. ♃ Avril-mai.

33. Ecailles inférieures des épis mâles obtuses. *C. pa-
ludosa* Good. (L. des marais). Bord des fossés,
des rivières, des ruisseaux, surtout dans le calcaire. ♃ Avril-mai.
Ecailles des épis mâles aristées. *C. riparia* Curt.
(L. des rivages). Fossés, bord des ruisseaux, des
rivières. ♃ Avril-mai.

460. LEERSIA (Léersie).

Epillets hispides; panicule ordinairement renfermée

dans la gaîne de la feuille supérieure. *L. oryzoïdes*
Swartz. (L. riz). Bord marécageux des rivières. ♃
Août-septembre.

461. PHALARIS [Alpiste].

Souche traçante ; panicule allongée et lobée. *P.
arundinacea* L. (A. roseau). Prés humides , bord
des eaux. ♃ Juin-juillet.

462. ANTHOXANTHUM [Flouve].

Chaumes simples; fleur inférieure munie d'une arête
ne dépassant pas la glume supérieure. *A. odora-
tum* L. (F. odorante). Prés secs, bois. ♃ Avril-
juin.
Chaumes rameux; fleur inférieure munie d'une arête
d'un tiers plus longue que la glume supérieure. *A.
Puelii* Lec. et Lam. (F. de Puel). Champs surtout
sablonneux. ① Mai-juin.

463. CHAMAGROSTIS [Chamagrostis].

Plante en touffes; feuilles radicales. *C. minima*
Borck. (C. naine). Vignes, murs, champs. ① Février-avril.

464. CRYPSIS [Cripside].

Chaumes coudés aux articulations; feuilles alternes.
C. alopecuroïdes Schrad. (C. vulpin). Chemins
mouillés l'hiver. ① Août-septembre.

465. PHLEUM [Phléole].

1. Epi aigu ; glumes rétrécies en pointe et à carène
scabre ou brièvement ciliée. *P. Bœhmeri* Wibel.
(P. de Bœhmer). Coteaux, pelouses sèches du
calcaire. ♉ Juin.
   Epi obtus ; glumes subitement aristées, à carène
bordée de longs cils.   2

2. Tiges couchées ou obliques à la base et souvent bulbeuses   3
   Tiges droites, peu ou point bulbeuses à la base. *P.*
pratense L. (P. des prés). Prés. ♉ Mai-juillet.

3. Epi gros, long de 8-10 centimètres. *P. intermedium*
Jord. (P. intermédiaire). Bois secs, pelouses. ♉
Mai-juillet.
   Epi grêle ou très-court.   4

4. Epi ovoïde ou cylindrique, court ; tiges couchées à la
base, puis droites. *P. præcox* Jord. (P. précoce).
Champs, pelouses sèches. ♉ Avril-septembre.
   Epi linéaire, cylindrique, grêle ; tiges étalées, oblique-
ment redressées. *P. serotinum* Jord. (P. tardive).
Pelouses sèches. ♉ Juillet-septembre.

466. ALOPECURUS [Vulpin].

1. Souche bulbeuse. *A. bulbosus* L. (V. bulbeux). Prés
humides. ♉ Mai-Juin.
   Souche non bulbeuse, ou tige couchée-redressée. . .   2

18*

2. Epi atténué aux deux bouts, glabre ou presque
glabre. *A. agrestis* L. (V. des champs). Champs,
lieux cultivés. ① Mai-octobre.
Epi sensiblement velu ou soyeux, ordinairement
obtus au sommet. 3

3. Chaumes genouillés et couchés à la base; glumes à
peine soudées à leur partie inférieure. 4
Chaumes droits; glumes aiguës, soudées jusqu'au
milieu. *A. pratensis* L. (V. des prés). Prés frais.
♃ Mai-juillet.

4. Plante glauque; arête ne dépassant pas les glumes.
A. fulvus Sm. (V. fauve). Marais, fossés. ♃ Mai-
juillet.
Plante verte; arête exerte. *A. geniculatus* L. (V. genouillé). Prés humides, fossés desséchés. ♃ Mai-
juillet.

467. ECHINARIA [Echinaire].

Chaumes rarement solitaires, raides, dressés. *E. ca-
pitata* Desf. (E. en tête). Champs pierreux calcaires. ① Mai-juin.

468. SETARIA [Sétaire].

1. Soies des épis rudes, accrochantes. *S. verticillata*
P. Beauv. (S. verticillée). Lieux cultivés. ① Juillet-
août.
Soies non accrochantes. 2

2. Soies vertes ou rougeâtres; plante verte. *S. viridis*
P.B. (S. verte). Lieux cultivés, jardins. ① Juillet-
octobre.

Soies jaunâtres; feuilles glauques. *S. glauca* P.B.
(S. glauque). Champs cultivés après la moisson.
① Juillet-août.

469. PANICUM [Panic].

Epillets souvent longuement aristés et violacés. *P.
crus-galli* L. (P. pied de coq). Bord des eaux,
lieux humides. ① Juillet-septembre.

470. CYNODON [Chiendent].

Tiges rameuses, ascendantes; feuilles velues en
dessous, distiques. *C. dactylon* Pers. (C. commun). Lieux arides, champs. ♃ Juin-août.

471. DIGITARIA [Digitaire].

Tiges redressées; feuilles et gaînes poilues. *D. san-
guinalis* Scop. (D. sanguine). Lieux incultes, jardins. ① Juillet-septembre.

Tiges étalées-couchées; feuilles et gaînes glabres.
D. filiformis Kœl. (D. filiforme). Lieux sablonneux ou pierreux. ① Juillet-septembre.

472. ANDROPOGON [Barbon].

Tige souvent rameuse; feuilles poilues. *A. Ischæ-
mum* L. (B. pied de poule). Pelouses sèches,
bord des chemins. ♃ Juin-octobre.

473. PHRAGMITES [Roseau].

Tige de 8-12 décimètres; panicule ample, violette. *P. communis* Trin. (R. commun). Fossés, étangs. ⚥ Août-septembre.

474. CALAMAGROSTIS [Calamagrostis].

1. Arête naissant sur le dos de la glume. *C. epigeios* Roth. (C. terrestre). Haies, fossés, bois. ⚥ Juillet-août.
   Arête terminale ou nulle. . . . .

2. Ligule courte, tronquée. *C. lanceolata* Roth. (C. lancéolé. Marais. ⚥ Mai.
   Ligule longue, aiguë. *C. littorea* DC. (C. des rivages). Lieux humides. ⚥ Juillet-août.

475. AGROSTIS [Agrostis].

1. Arête dépassant longuement les fleurs. . . . .
   Arête nulle ou n'étant pas deux fois plus longue que les glumes. . . . .

2. Panicule grande, large, à rameaux étalés; anthères linéaires-oblongues. *A. spica-venti* L. (A. jouet du vent). Moissons sablonneuses. ① Juin-juillet.
   Panicule étroite allongée, à rameaux dressés; anthères ovales-orbiculaires. *A. interrupta* L. (A. interrompu). Champs sablonneux. ① Juin-juillet.

3. Fleurs munies d'une arête fine; feuilles radicales

filiformes-enroulées ; ligule oblongue. *A. canina*
L. (A. de chien). Prés, pâturages, landes hu-
mides. ♃ Juin-juillet.
Fleurs souvent sans arête ; feuilles toutes planes. . .　　4

4. Ligule courte, tronquée. *A. vulgaris* With. (A. com-
mun). Prés, bord des champs, des chemins. ♃
Juin-juillet.
Ligule oblongue, saillante. *A. alba* L. (A. blanc).
Prés, champs, chemins, jardins. ♃ Juin-juillet.

476. GASTRIDIUM [Gastridie].

Panicule spiciforme atténuée aux deux extrémités ;
glumes longuement acuminées. *G. lendigerum*
Gaud. (G. ventrue). Champs, moissons. ⚲ Juin-
septembre.

477. MILIUM [Millet].

Panicule très-lâche ; glumes lisses. *M. effusum* L.
(M. étalé). Bois frais. ♃ Juin-août.
Panicule petite, un peu lâche ; glumes tuberculeuses
et rudes sur la face externe. *M. scabrum* Rich. (M.
scabre). Lieux sablonneux. ② Avril-mai.

478. CORYNEPHORUS [Corynéphore].

Arête droite, articulée et barbue au milieu ; plante
gazonnante, glauque. *C. canescens* P.B. (C. blanchâtre). Lieux sablonneux. ♃ Mai-juin.

179. AIRA [Canche].

1. Panicule resserrée en épi. *A. præcox* L. (C. précoce).
Landes, pelouses sablonneuses sèches. ① Avril-
juin.
Panicule lâche. 2

2. Epillets écartés, étalés, diffus. *A. caryophyllea* L.
(C. caryophyllée). Bord des haies, des bois, lieux
sablonneux. ① Mai-juin.
Epillets rapprochés en faisceaux terminaux. *A. aggre-
gata* Tim. (C. agrégée). Champs secs, pelouses,
moissons. ① Juin-juillet.

180. DESCHAMPSIA [Deschampsie].

1. Feuilles pliées-enroulées. 2
Feuilles planes-élargies. *D. cæspitosa* P.B. (D. gazonnante). Fossés, lieux frais, bois. ♃ Juin-juillet.

2. Arête dépassant à peine les fleurs. *D. media* R. et
Schul. (D. moyenne). Taillis, bois. ♃ Juin-juillet.
Arête dépassant beaucoup les fleurs. 3

3. Ligule courte tronquée. *D. flexuosa* Gris. (D. fluxueuse). Bois montueux, landes. ♃ Juin.
Ligule allongée, aiguë. *D. Thuillerii* GG. (D. de
Thuillier). Lieux humides ou tourbeux. ♃ Juillet-
septembre.

181. AVENA [Avoine].

1. Epillets penchés ou pendants, surtout à la maturité. 2
Epillets dressés, jamais pendants. 4

2. Toutes les fleurs articulées.   3
   Fleur inférieure seule articulée, caduque et entraî-
   nant la supérieure avec elle. *A. ludoviciana* Durieu. (A. de Louis). Moissons. ⊕ Juin.

3. Glumelle inférieure bifide en deux lobes sétacés, allongés scarieux. *A. barbata* Brot. (A. barbue).
   Coteaux, rocailles, bord des chemins. ⊕ Juin-
   août.
   Glumelle inférieure terminée par deux dents scarieuses. *A. fatua* L. (A. folle). Moissons. ⊕ Juin.

4. Feuilles glabres ainsi que les gaines.   5
   Feuilles et gaines inférieures poilues. *A. pubescens* L.
   (A. pubescente). Prés, bord des bois, buissons.
   ⊕ Juin-août.

5. Panicule lâche, étalée, à pédicelles allongés. *A. te-
   nuis* Mœnch. (A. grêle). Lieux sablonneux secs.
   ⊕ Juin.
   Panicule droite, resserrée en forme d'épi. *A. pra-
   tensis* L. (A. des prés). Coteaux et bois calcaires.
   ♃ Juin-juillet.

482. ARRHENATHERUM (Arrhénathère).

Souche mince, rampante. *A. elatius* Gaud. (A. élevée). Prés, haies, bois, moissons. ♃ Juin-juillet.
Souche renflée en bulbes superposés en chapelet. *A.
bulbosum* Presl. (A. bulbeuse). Mêmes lieux. ♃
Juin-juillet.

483. TRISETUM [Trisète].

Glumes jaunâtres, luisantes. *T. flavescens* P.B. (T. jaunâtre). Prairies, bois. ♃ Mai-juillet.

484. HOLCUS [Houque].

Arête dépassant à peine les glumes; souche fibreuse. *H. lanatus* L. (H. laineuse). Prés, champs. ♃ Juin-août.

Arête dépassant beaucoup les glumes; souche rampante. *H. mollis* L. (H. molle). Bois, lieux ombragés. ♃ Juin-août.

485. KOELERIA [Kœlérie].

1. Feuilles radicales glabres, enroulées; gaînes inférieures se déchirant en réseau filamenteux. *K. setacea* Pers. (K. sétacée). Coteaux, rochers calcaires. ♃ Mai-juin.

   Feuilles ordinairement planes, pubescentes; gaînes inférieures ne se déchirant pas en réseau filamenteux.   2

2. Panicule cylindrique, oblongue, assez épaisse. *K. cristata* Pers. (K. à crètes). Pelouses sèches, coteaux. ♃ Juin-août.

   Panicule serrée, étroite, presque linéaire. *K. gracilis* Pers. (K. fluette). Pelouses sèches, coteaux. ♃ Mai-août.

486. CATABROSA [Catabrose].

Feuilles obtuses. *C. aquatica* Pal. Beauv. (C. aquatique). Eaux stagnantes, mares, fossés vaseux. ⚥ Mai-juillet.

487. GLYCERIA [Glycérie].

1. Panicule très-ample, rameuse, diffuse; chaumes robustes, dressés. *G. spectabilis* M. et Koch. (G. élevée). Bord vaseux des ruisseaux, marais. ⚥ Juin-août.
 Panicule unilatérale ou pyramidale; chaumes couchés et radicants à la base. 2

2. Panicule unilatérale à rameaux inférieurs ordinairement géminés; glumelle inférieure sub-aiguë au sommet quelquefois apiculé; gaîne des feuilles ne se déchirant pas en réseau. *G. fluitans* R.Br. (G. flottante). Fossés, flaques d'eau, mares. ⚥ Juin-juillet.
 Panicule comme verticillée, à rameaux inférieurs par 3-5; glumelle inférieure largement scarieuse au sommet arrondi et sinué-crénelé: gaîne se déchirant en réseau. *G. plicata* Fries. (G. pliée). Mêmes lieux. ⚥ Juin-juillet.

488. POA [Paturin].

1. Souche rampante; ligule courte, tronquée. 2
 Racine ou souche fibreuse. 3

2. Chaumes comprimés, couchés à la base. *P. compressa* L. (P. comprimé). Murs, terrains secs. ♃ Juin-juillet.

Chaumes cylindriques dressés. *P. pratensis* L. (P. des prés). Prés, pâturages. ♃ Mai-juin.

3. Ligule presque nulle. *P. nemoralis* L. (P. des bois). Bois, lieux couverts. ♃ Juin-août.

Ligule saillante, au moins aux feuilles supérieures. 4

4. Chaumes épaissis en bulbe à la base; fleurs souvent vivipares. *P. bulbosa* L. (P. bulbeux). Murs, lieux secs. ♃ Mai-juin.

Chaumes non épaissis à la base; fleurs jamais vivipares. 5

5. Chaumes lisses. *P. annua* L. (P. annuel). Partout. ① Toute l'année.

Chaumes rudes au sommet. *P. trivialis* L. (P. commun). Prés et lieux humides. ♃ Juin-juillet.

489. ERAGROSTIS [Eragrostis].

Epillets fasciculés, renfermant 6–25 fleurs; feuilles glanduleuses aux bords. *E. megastachya* Link. (E. à grands épis). Lieux cultivés sablonneux. ① Juillet-septembre.

Epillets solitaires renfermant 4-12 fleurs; feuilles non glanduleuses aux bords; plante ordinaire-

ment violacée. *E. pilosa* P. Beauv. (E. poilue).
Lieux mouillés l'hiver. ① Juillet-septembre.

490. BRIZA [Brize].

Epillets ovales, en cœur; ligule courte, tronquée.
B. media L. (B. moyenne). Prés, lieux herbeux.
♃ Mai-juin.
Epillets triangulaires; ligule allongée, aiguë. *B. minor* L. (B. mineure). Champs sablonneux. ①
Mai-juin.

491. MELICA [Mélique].

1. Panicule appauvrie, étalée; fleurs glabres. *M. uniflora* Retz. (M. uniflore). Bois. ♃ Avril-mai.
Panicule resserrée en épi; fleurs pourvues de longs poils soyeux. 2

2. Tige rude au-dessous de l'épi; glumes à nervures prolongées jusqu'au sommet. *M. nebrodensis* Parl.
(M. des Nébrodes). Lieux arides et pierreux, murs.
♃ Mai-juillet.
Tige lisse; glumes à nervures non prolongées jusqu'au sommet. *M. Magnolii* GG. (M. de Magnol).
Coteaux arides, murs. ♃ Mai-juin.

492. SCLEROPOA [Scléropoa].

Panicule étroite, raide, unilatérale, à rameaux très-courts, triquètres. *S. rigida* Gris. (S. rigide). Lieux secs pierreux, vieux murs. ① Juin-juillet.

493. DACTYLIS [Dactyle].

Feuilles scabres, à gaînes comprimées, peu fendues.
D. glomerata L. (D. pelotonné). Prés, pelouses,
lieux pierreux. ♃ Juin-juillet.

494. MOLINIA [Molinie].

Chaume longuement nu ; ligule poilue. *M. cærulea*
Mœnch. (M. bleue). Bois, landes, prés marécageux. ♃ Août.

495. DANTHONIA [Danthonie].

Chaume incliné ou ascendant; panicule pauciflore.
D. decumbens DC. (D. tombante). Landes, pelouses sèches. ♃ Juin-juillet.

496. CYNOSURUS [Cynosure].

Grappe resserrée en forme d'épi droit, linéaire, unilatéral. *C. cristatus* L. (C. à crêtes). Prés secs,
pelouses. ♃ Juin-juillet.

497. VULPIA [Vulpie].

1. Chaumes longuement nus au sommet. *V. sciuroïdes*
Gmel. (V. queue d'écureuil). Prés, champs. ①
Mai-juin.
Base de la panicule ordinairement renfermée dans la
gaîne supérieure ou en étant très-rapprochée. . .   2

2. Glumelle inférieure longuement ciliée ; panicule
dressée. *V. myuros* Rchb. (V. queue de souris).
Lieux secs, murs. ① Mai-juin.
Glumelle inférieure non ciliée ; panicule penchée au
sommet. *V. pseudomyuros* Soyer-Willemet. (V.
fausse queue de rat). Lieux secs, murs. ① Mai-
juin.

498. FESTUCA [Fétuque .

1. Panicule spiciforme, longuement effilée, à épillets
subsessiles, distiques ; glumes des épillets latéraux très-inégales. *F. loliacea* Huds. (F. ivraie).
Prés frais. ♃ Juin.
Epillets n'étant pas distiques.   2

2. Feuilles radicales toujours enroulées-sétacées. . . .   3
Jeunes feuilles radicales planes.   7

3. Feuilles caulinaires planes.   4
Feuilles toutes enroulées-sétacées.   5

4. Souche fibreuse, sans stolons ; tiges coudées aux
nœuds inférieurs, redressées. *F. heterophylla*
Lam. (F. hétérophylle). Bois montueux. ♃ Mai-
juin.
Souche brièvement rampante, émettant des stolons
terminés par un faisceau de feuilles ; tiges dressées. *F. rubra* L. (F. rouge). Prés, talus, bord
des bois. ♃ Mai-juin.

19

5. Glumelle inférieure mutique. *F. tenuifolia* Sibth.
(F. à feuilles menues). Landes, pelouses, lieux
secs. ♃ Mai-juin.
Glumelle inférieure plus ou moins aristée.   6

6. Plante ordinairement glauque; feuilles pliées-apla-
ties, carénées, lisses. *F. duriuscula* L. (F. dure).
Lieux arides, pierreux. ♃ Mai-juin.
Plante verte ou violacée; feuilles pliées-arrondies,
non carénées, un peu rudes. *F. ovina* L. (F. des
brebis). Pâturages secs, lieux pierreux, incultes.
♃ Mai-juin.

7. Souche rampante, stolonifère. *F. arundinacea*
Schreb. (F. roseau). Prés, bord des eaux. ♃
Juin-juillet.
Souche fibreuse. *F. pratensis* Huds. (F. des prés).
Prés humides. ♃ Mai-juillet.

499. BROMUS [Brome].

1. Epillets élargis au sommet, en coin à la base; plante
annuelle.   2
Epillets linéaires-aigus, plus étroits au sommet qu'à
la base; plante vivace.   5

2. Panicule mollement velue, serrée et penchée d'un
seul côté; glumelle inférieure égalant son arête.
B. tectorum L. (B. des toits). Murs, lieux sablonneux. ① Mai-juin.
Panicule droite ou diffuse; glumelle inférieure plus
courte que son arête.   3

3. Deux étamines; panicule souvent rougeâtre; arêtes
d'abord dressées, puis étalées en dehors. *B. ma-
dritensis* L. (B. de Madrid). Murs, rochers, lieux
arides. ① Mai-juin.
Trois étamines; arêtes toujours droites. 4

4. Ligule courte, lacérée; tige glabre; épillets de 7-11
fleurs. *B. sterilis* L. (B. stérile). Murs, lieux secs,
bord des haies, cultures. ① Mai-juin.
Ligule saillante, lacérée; tige pubescente au moins
au sommet; épillets de 5-6 fleurs. *B. rigidus*
Roth. (B. rigide). Murs, lieux secs. ① Mai-juin.

5. Panicule droite, étroite; feuilles supérieures plus
larges que les inférieures. *B. erectus* Huds. (B.
dressé). Prés secs, coteaux, bord des champs calcaires. ♃ Mai-juin.
Panicule très-lâche, penchée au moins à la fin;
feuilles à peu près toutes semblables. 6

6. Gaînes glabres. *B. giganteus* L. (B. géant). Lieux
couverts. ♃ Juin-juillet.
Gaînes et feuilles velues-hérissées. *B. asper* L. (B.
rude). Haies, lieux boisés frais. ♃ Juillet-août.

500. SERRAFALCUS [Serrafalque].

1. Gaînes des feuilles presque toutes glabres; chaumes
pubescents aux nœuds; épillets composés de fleurs
écartées et comme cylindriques à la maturité. *S.*

secalinus Godr. (S. seigle). Moissons. ① Juin-
juillet.

Gaînes de feuilles presque toutes pubescentes; épillets non cylindriques composés de fleurs conti-
guës.   2

2. Epillets mollement pubescents. *S. mollis* Parl. (S.
mollet). Prés, champs, vignes. ② Mai-juin.
Epillets glabres ou à peu près.   3

3. Panicule toujours dressée, étroite et dont les rameaux inférieurs ont à peine trois centimètres de
longueur. *S. racemosus.* . . . . . (S. à grappes).
Prés. ② Mai-juin.
Panicule plus ou moins lâche, penchée au moins
après l'anthèse et dont les rameaux inférieurs ont
plus de trois centimètres de longueur.   4

4. Panicule diffuse, à rameaux portant 3-4 épillets
étroits, souvent panachés de violet. *S. arvensis*
Godr. (S. des champs). Champs, vignes. ① Juin-
juillet.
Panicule un peu lâche, puis resserrée, à rameaux ne
portant que 1-2 épillets verdâtres et longs de
presque 1 centimètre. *S. commutatus* Godr. (S.
controversé). Prés, cultures herbeuses. ② Juin-
juillet.

501. HORDEUM [Orge].

Glumes des fleurs latérales ciliées. *H. murinum* L.

(O. queue de rat). Pied des murs, bord des chemins. ① Juin-août.
Glumes toutes glabres. *H. secalinum* Schreb. (O.
seigle). Prés, pâturages. ⚇ Juin-juillet.

502. ELYMUS [Elyme].

Fleurs en épi droit, serré ; tige de 5-8 décimètres,
dressée. *E. europœus* L. (E. d'Europe). Bois. ⚇
Juin-août.

503. ÆGILOPS [Egilops].

Epi ovale ; arêtes de tous les épillets presque égales.
Æ. ovata L. (E. ovale). Lieux secs. ① Mai-juin.

504. TRITICUM [Froment].

1. Glumes ventrues. *T. vulgare* Vill. (F. commun).
   Moissons. ① Juin.
   Glumes non ventrues ; plante vivace.   2

2. Souche fibreuse. *T. caninum* Huds. (F. de chien).
   Haies, lieux couverts. ⚇ Juin-juillet.
   Souche longuement rampante.   3

3. Feuilles piquantes, pourvues à la face supérieure de
   nervures rapprochées ne laissant pas voir le tissu
   de la feuille. *T. pungens* Pers. (F. piquant). Haies,
   lieux secs. ⚇ Juin-août.
   Feuilles planes, non piquantes, pourvues de nervures laissant voir entre elles le tissu de la feuille.

T. repens L. (F. rampant). Haies, champs, chemins. ⚥ Juin-septembre.

505. BRACHYPODIUM [Brachypode].

Souche fibreuse; arête des fleurs supérieures aussi longue que la fleur. *B. sylvaticum* Rœm. et Schult. (B. des bois). Bois, haies, lieux couverts. ⚥ Juillet-septembre.

Souche longuement rampante; arête plus courte que la fleur. *B. pinnatum* P. B. (B. pinné). Haies, buissons, lieux pierreux. ⚥ Juin-septembre.

506. LOLIUM [Ivraie].

1. Racine produisant à la fois des tiges et des touffes de feuilles stériles; plante vivace. 2

Racine dépourvue de touffes de feuilles stériles; plante annuelle. 3

2. Fleurs mutiques. *L. perenne* L. (I. vivace). Prés, bord des chemins, pelouses. ⚥ Juin-octobre.

Fleurs aristées. *L. italicum* Braun. (I. d'Italie). Pelouses, prairies artificielles. ⚥ Juin-octobre.

3. Epillets lancéolés. 4
Epillets elliptiques. 5

4. Glume 1-2 fois plus courte que l'épillet formé de 7-20 fleurs; glumelle inférieure rarement mutique. *L. multiflorum* Gaud. (I. multiflore). Moissons, prés. ① Juin-septembre.

Glume simplement plus courte que l'épillet formé de

3-9 fleurs; glumelle inférieure toujours mutique. *L. rigidum* Gaud. (I. rigide). Prés secs, champs, vignes. ① Juin-juillet.

5. Glume plus longue que l'épillet; plante robuste. . 6
Glume plus courte que l'épillet; plante grêle. *L. linicola* Sond. (I. du lin). Dans les champs de lin. ① Juin-juillet.

6. Arête raide. *L. temulentum* L. (I. enivrante). Moissons. ① Juin-juillet.
Arête molle. *L. arvense* With. (I. des champs). Moissons. ① Juin-juillet.

507. GAUDINIA [Gaudinie].

Axe de l'épi articulé; feuilles et gaînes velues. *G. fragilis* P. B. (G. fragile). Prés, bord des champs, pelouses. ① Juin-juillet.

508. NARDURUS [Nardure].

1. Fleurs non aristées. *N. Lachenalii* Godr. (N. de Lachenal). Lieux pierreux, coteaux secs. ① Mai-juin.
Fleurs aristées. 2

2. Epi unilatéral. *N. tenuiflorus* Boiss. (N. à petites fleurs). Champs, murs, rochers. ① Juin-juillet.
Epi distique. *N. aristatus* Boiss. (N. aristé). Sur les schistes. ① Juin-juillet.

509. LEPTURUS [Lepture].

Epi subulé, ordinairement dressé; une seule glume
aux épillets latéraux. *L. cylindricus* Trin. (L. cylindrique). Champs secs, bord des chemins. ①
Mai-juin.

510. NARDUS [Nard].

Feuilles enroulées-subulées, les radicales très-nom-
breuses. *N. stricta* L. (N. raide). Landes humides,
prés marécageux. ♃ Mai-juillet.

—

CRYPTOGAMES.

---

511. OPHIOGLOSSUM (Ophioglosse).

Fronde grande, verte, ovale, toujours solitaire. *O. vulgatum* L. (O. commune). Bois, prés humides. ♃ Mai-juin.

Fronde petite, d'un vert pâle, ovale-lancéolée, souvent accompagnée d'une autre fronde semblable. *O. sabulicolum* Sauzé et Maill. (O. des sables). Rochers schisteux. ♃ Mai-juin.

512. OSMUNDA (Osmunde).

Frondes deux fois ailées, à pinnules obtuses. *O. regalis* L. (O. royale). Bord des eaux, bois humides. ♃ Juin-août.

513. CETERACH (Cétérach).

Frondes en touffes, lancéolées, pennatifides, à lobes

courts obtus. *C. officinarum* DC. (C. officinal).
Vieux murs, rochers. ♃ Juillet-octobre.

514. POLYPODIUM [Polypode].

Souche rampante; frondes lancéolées, profondément
pennatifides. *P. vulgare* L. (P. commun). Murs,
rochers, troncs d'arbres. ♃ Presque toute l'année.

515. ASPIDIUM [Aspidie].

Frondes à folioles ovales, les inférieures pétiolées,
ayant leur base prolongée en une oreillette latérale. *A. angulare* W. et K. (A. angulaire). Bois,
haies, coteaux couverts. ♃ Juin-septembre.
Folioles sessiles et décurrentes, peu ou point auricu-
lées. *A. aculeatum* Doell. (A. aiguillonnée). Bois,
coteaux couverts. ♃ Juin-septembre.

516. POLYSTICHUM [Polystich].

1. Lobes des frondes crénelés ou denticulés.   2
   Lobes des frondes très-entiers. *P. Thelypteris* Roth.
   (P. théliptère). Lieux tourbeux et marécageux. ♃
   Juillet-septembre.

2. Dents des pinnules mutiques. *P. Filix-mas* Roth. (P.
   Fougère mâle). Fossés, bois, haies. ♃ Juillet-
   septembre.
   Dents des pinnules mucronées-spinuleuses. *P. spinu-
   losum* DC. (P. spinuleux). Lieux ombragés, humides. ♃ Juillet-septembre.

517. ATHYRIUM [Athyrie].

Pétiole lisse, nu; frondes deux fois ailées. *A. Filix-fœmina* Roth. (A. Fougère femelle). Bois, fossés, lieux humides. ♃ Juillet-septembre.

518. ASPLENIUM [Doradille].

1. Frondes à 2-3 segments linéaires. *A. septentrionale* Swartz. (D. septentrionale). Rochers schisteux. ♃ Juillet-septembre.
Frondes à segments plus ou moins élargis ou dentés-incisés. 2

2. Frondes une fois ailées, à pétiole noirâtre. *A. Trichomanes* L. (D. capillaire). Murs, rochers, puits. ♃ Mai-septembre.
Frondes plusieurs fois ailées ou à pétioles verts au sommet. 3

3. Frondes découpées en un grand nombre de segments, lancéolés ou triangulaires. 4
Frondes à un petit nombre de segments. 5

4. Frondes lancéolées; segments de la base plus courts que ceux du milieu. *A. lanceolatum* Sm. (D. lancéolée). Rochers schisteux. ♃ Juin-septembre.
Frondes triangulaires; segments de la base plus longs que les autres. *A. Adianthum-nigrum* L. (D. capillaire noir). Rochers, haies, vieux murs. ♃ Juin-septembre.

5. Pétiole vert: lobes oblongs-obovales ou obovales.
A. Ruta-muraria L. (D. Rue des murs). Vieux
murs. ♃ Presque toute l'année.
Pétiole brun à la base, vert supérieurement ; seg-
ments tous cunéiformes. *A. Breynii* Retz. (D. de
Breynius). Rochers schisteux. ♃ Juin-septembre.

519. SCOLOPENDRIUM [Scolopendre].

Racine fibreuse ; frondes entières, lancéolées, ordinairement cordiformes à la base, en touffes. *S.
officinale* Sm. (S. officinale). Puits, murs, rochers, bord des ruisseaux. ♃ Juin-décembre.

520. BLECHNUM [Blechne].

Souche produisant des feuilles stériles et des feuilles
fertiles, lancéolées-pennatifides. *B. spicant* Sm.
(B. en épi). Bois. ♃ Juin-septembre.

521. PTERIS [Ptéride].

Souche très-longue ; tige de 8-12 décimètres ; fronde
grande, trois fois ailée. *P. aquilina* L. (P. aqui-
line). Landes, bois, champs, haies. ♃ Juin-septembre.

522. ADIANTHUM [Adianthe].

Frondes à pétiole noir, luisant, nu, capillaire ; folioles cunéiformes, laciniées. *A. Capillus-Veneris*

L. (A. Cheveux de Vénus). Puits, lieux humides
et couverts. ♃ Juin-septembre.

523. EQUISETUM [Prèle].

1. Tiges toutes semblables, vertes.   2
   Tiges fertiles précoces, blanches-décolorées, les
     stériles tardives, vertes.   3

2. Epi cylindrique ; rameaux à entre-nœud inférieur
   atteignant à peine la moitié de la gaîne caulinaire.
   E. palustre L. (P. des marais). Fossés, prés, bord
   des eaux. ♃ Mai-Juin.
   Epi ovoïde; rameaux à entre-nœud inférieur n'atteignant pas ou atteignant à peine la base des dents
   de la gaîne caulinaire. *E. limosum* L. (P. des bour-
   biers). Lieux fangeux, prés tourbeux. ♃ Mai-juin.

3. Tiges fertiles munies de gaînes divisées au sommet
   en 20-30 dents acuminées-subulées ; tiges
   stériles à rameaux grêles dont l'entre-nœud inférieur est plus court que la gaîne caulinaire. *E.
   Telmateia* Ehrh. (P. des marécages). Fossés, prés
   humides. ♃ Mars-avril.
   Tiges fertiles à gaînes profondément divisées en 7-12
   dents linéaires-aiguës ; tiges stériles à rameaux
   grêles dont l'entre-nœud inférieur dépasse souvent
   beaucoup la gaîne caulinaire. *E. arvense* L. (P. des
   champs). Champs sablonneux, bord des rivières.
   ♃ Mars-avril.

524. PILULARIA [Pilulaire].

Feuilles (frondes) formant des touffes d'un vert clair.
P. globulifera L. (P. à globules). Bord des eaux,
marais des terrains siliceux. ♃ Juin-septembre.

525. NITELLA [Nitelle].

1. Rayons des verticilles simples ou bifurqués.   2
Rayons 3-6 fois fourchus; sporanges presque globuleux. *N. tenuissima* Kutz. (N. menue). Eaux stagnantes. ① Juin-août.

2. Tiges épaisses; rayons simples; sporanges agglo-
mérés. *N. translucens* Agardh. Eaux paisibles. ♃
Juin-septembre.
Tiges grêles; rayons la plupart bifurqués; sporanges ordinairement solitaires. *N. flexilis* Ag. (N.
flexible). Eaux vives. ♃ Juin-août.

526. CHARA [Charagne].

1. Tige translucide, flexible, non striée. *C. Braunii*
Gmel. (C. de Braun). Eaux stagnantes. ♃ Juillet-
septembre.
Tige opaque, striée.   2

2. Tige d'un vert grisâtre.   3
Tige verte.   4

3. Tige robuste, fortement hispide, surtout dans le

le haut. *C. hispida* L. (C. hispide). Eaux paisibles. ♃ Juin-juillet.

Tige assez grêle, nue ou munie d'aiguillons rares et
fins. 4

4. Bractées plus longues que les sporanges. *C. fœtida*
Braun. (C. fétide). Eaux paisibles. ♃ Juin-août.

Bractées plus courtes que les sporanges. 5

5. Monoïque; sporanges à 13-15 stries; couronne allongée. *C. fragilis* Desv. (C. fragile). Etangs. ♃
Juillet-septembre.

Dioïque; sporanges à 9-10 stries; couronne étalée. *C.*
fragifera Durieu. (C. fragifère). Etangs. ♃ Juin-
juillet.

TABLE DES FAMILLES.

Saint-Maixent, Typ. Ch. Reversé.